U0612182

提高母猪
繁殖率实用技术

TIGAO MUZHU FANZHILV SHIYONG JISHU

郭建凤　主编

中国科学技术出版社
·北　京·

图书在版编目（CIP）数据

提高母猪繁殖率实用技术 / 郭建凤主编 . —北京：
中国科学技术出版社，2017.6
ISBN 978-7-5046-7503-3

I. ①提… II. ①郭… III. ①母猪—饲养管理
IV. ① S828.9

中国版本图书馆 CIP 数据核字（2017）第 094837 号

策划编辑	乌日娜	
责任编辑	乌日娜	
装帧设计	中文天地	
责任校对	焦　宁	
责任印制	徐　飞	

出　　版	中国科学技术出版社	
发　　行	中国科学技术出版社发行部	
地　　址	北京市海淀区中关村南大街16号	
邮　　编	100081	
发行电话	010-62173865	
传　　真	010-62173081	
网　　址	http://www.cspbooks.com.cn	

开　　本	889mm×1194mm　1/32	
字　　数	129千字	
印　　张	5.5	
版　　次	2017年6月第1版	
印　　次	2017年6月第1次印刷	
印　　刷	北京威远印刷有限公司	
书　　号	ISBN 978-7-5046-7503-3 / S·639	
定　　价	21.00元	

本书编委会

主 编

郭建凤

副主编

蔺海朝　王继英

编著者

郭建凤　蔺海朝　王继英　王　诚

成建国　林　松　王彦平　呼红梅

赵雪艳　刘　畅　张明花　王怀中

杜玉诗

Preface 前言

伴随我国市场经济体系的不断完善，我国养猪产业有了长足进展，目前我国生猪年存栏量、出栏量、肉产量均为世界第一。2015年国民经济和社会发展统计公报显示，2015年我国生猪存栏45113万头，肉猪年出栏70825万头，猪肉产量达到了5487万吨。我国生猪存栏量和出栏量分别占到世界总量的59%和57%。我国也是世界上最大的猪肉消费国，我国人均猪肉消费量是世界平均水平的2.7倍。我国生猪产业发展在提供肉食品、提高农业产值、提供就业机会、增加农民收入和国际贸易中发挥了重要作用。

我国虽是一个养猪生产和消费大国，但与欧美一些养猪发达国家的生产水平相比还存在较大差距。以衡量猪场效益和母猪繁殖成绩的重要指标PSY（能繁母猪年提供断奶仔猪数）为例，虽然近年来随着国内通过引种和发展联合育种事业，PSY有所提高，据农业部畜牧业司的资料显示2015年我国能繁母猪PSY值为17头。而2014年12月5日发布的InterPIG全球养猪报告中，丹麦全国平均PSY达到了30头以上，排在前面的农场已经达到了36头。因此，中国母猪繁殖潜力亟待挖掘和提高，且发展空间极大。

母猪繁殖率是反映母猪繁殖力和猪场生产管理水平的重要经济参数。提高了母猪繁殖率就是提高了养猪经济效益，特别是有一定生产规模的猪场就显得更加突出和明显。因此，在现代畜牧业日益发达的今天，提高母猪繁殖率对畜牧生产具有十分重要的意义。影响母猪繁殖率的因素很多，主要包括遗传、生活生产环境、饲养管理、疫病防控等。下面我们通过优良品种的选择和缩短非生产天数两个实际案例来阐述一下提高母猪效益对养猪经济效益的影响。

俗话说："种瓜得瓜，种豆得豆"，品种在养猪成功要件中占据44%的比例，这是养猪行业所公认的，但同养猪发达国家相比，我国饲养者对品种的意识却需要加强。我国地方猪种的特点是繁殖力和抗逆性强，肉质较好，性情温顺，能大量利用青粗饲料，但生长缓慢，屠宰率偏低，瘦肉率少。目前，我国引进品种有大约克、长白、杜洛克和皮特兰等，生产中主要利用这些品种间的杂种优势以提高母猪的产仔数和商品猪的生产和胴体性能。配套组合杜洛克×（长白×大约克）俗称杜长大，具有生长发育快、饲料报酬高、瘦肉率高的特点，是我国规模化猪场最广泛应用的一个杂交配套组合。下面通过地方猪和引进猪对比简要分析优良种猪所产生的增值效益。

中国地方猪种民猪、金华猪、太湖猪平均料肉比为3.5：1，目前外国优质长白种猪、大白种猪、杜洛克种猪的平均料肉比为2.5：1。全国猪的料肉比如果能普遍降低0.5，1头猪100千克出栏就可节省50千克饲料，按2.5元/千克的饲料价格计算，则每头生猪可节省125元饲料成本，年出栏万头的猪场新增收入就达125万元。在生长肥育期内，中国地方猪种如民猪、金华猪、太湖猪平均日增重500克，而目前优质长白猪、大白猪、杜洛克猪平均日增重900～1000克。如果优良种猪比一般的种猪日增重多100克，按目前市场肥猪价格每千克16元计算，150天出售，则1头肥猪就会增加销售收入240元，年出栏万头的猪场新增收入就达240万元。现代数量遗传和分子遗传学等育种技术的运用大大提高了瘦肉型种猪的繁殖力，目前优良长白猪、大白猪初产平均10头左右，经产平均12头。同时，目前优良猪种，尤其是配套系种猪也具备乳头数多、发情明显、受胎率高、护仔能力强、仔猪育成率高等优良繁殖性能。优良母猪每窝如果多产1头小猪，则每头母猪每年多创收近400元，年出栏万头的猪场新增效益就达20万元以上。

我们知道，衡量母猪的生产性能指标，如产活仔数、断奶重和断奶仔猪数、年提供断奶仔猪数等，这些都与猪场的经济效益息息相关。除此之外，母猪的非生产天数（NPSD）是影响繁殖生产效率的另一个关键指标。我国母猪的非生产天数平均在 50～80 天，而先进的技术可以做到 15～20 天，如丹麦猪场平均每胎的非生产天数为 14.9 天。在实际生产中我们往往不能达到生产的最佳理想状态，会涉及各种现实问题，比如母猪的受胎率、流产、产死胎等。这样，势必会使母猪的非生产天数增加，养猪经营者的经济收益受到损害。生产管理中，我们应主要计算和关注母猪配种后返情损失的天数、妊娠到流产损失的天数、因各种原因引起的空怀损失天数和死亡以及淘汰损失的天数等非必需的母猪非生产天数。

假设非生产期间的母猪每天耗料 2.5 千克（3.2 元 / 千克），假定饲料成本为总成本的 70%，则母猪单天的效益损失为：单天直接经济损失 =（2.5×3.2）/0.7=11.4 元。如此可简单算出，1200 头母猪的猪场每增加 1 天非生产天数造成的直接经济损失是 13 680 元。如果将这些非生产天数转换为母猪的实际生产天数创造生产效益，则效果更为客观。如母猪的非生产天数转换为妊娠天数所创造的价值，假定母猪单胎提供商品猪数为 10 头，商品猪净利润为 300 元计算，则单天造成的机会损失利润为：单天机会经济损失 = 300×10/（114＋28）=21.13 元。如果将一个 1 200 头母猪的猪场非生产天数由 50 天降低为 40 天，则可创造的机会利润（按照母猪提供商品猪 10 头 / 胎，商品猪净利润为 300 元计算）为：365/（114＋28＋40）-365/（114＋28＋50）×1 200×10×300=376 030 元。由此可见，母猪的非生产天数增加直接导致的结果就是养猪成本的上升，要想进一步提高猪场的生产水平和经济效益，母猪的非生产天数作为猪场的有效管理指标之一，必须引起经营管理者的高度重视。

优良母猪是发展养猪生产的基础、是提高养猪生产水平的关键。母猪群的繁殖力低下，年提供的 PSY 少，将严重影响规模化猪场的经济效益。提高我国母猪繁殖率，是提高我国养猪业水平的当务之急。为了适应当前养猪业发展的需要，帮助广大养猪生产者对种猪进行细致化管理，从而提高生产水平和经济效益，我们组织了猪场一线的实战专家和行业能手编写了这本《提高母猪繁殖率关键技术》。

本书分为10个章节。第一和第二章介绍了种公猪和种母猪选择的基本知识，包括优良公、母猪的特性、我国主要地方猪种及国外引进的瘦肉型猪种、如何饲养和管理好种公猪等，还重点介绍了近年来发展起来的猪人工授精技术。第三至第八章对各个阶段母猪的营养需要、饲养管理技术进行详细介绍，包括后备母猪、妊娠母猪、围产期母猪、哺乳母猪、空怀期母猪，指出每个阶段母猪的生理特点和注意要点。第九章在对哺乳仔猪和断奶仔猪的生理特点进行阐述的基础上，介绍了仔猪的营养需要、饲养管理要点，提出了提高仔猪成活率的技术措施。第十章介绍了母猪的淘汰与更新原则，合理的母猪群结构是提高母猪繁殖力的重要因素之一。本书第十一章从流行病学、临床症状、病理变化、防控与净化等方面详细介绍了母猪常见疾病及其防控技术。

本书紧扣生产实际，围绕提高母猪繁殖率要素：良种选择、营养调控和饲养管理，常见疾病防控等方面进行全面、细致的介绍，特别注重先进性、实用性和可操作性，语言通俗易懂，不仅适宜猪场饲养管理人员和广大养猪专业户阅读，也可作为大专院校和农村函授及培训班的辅助教材和参考书。

编　著　者

$\mathcal{C}$ontents 目 录

第一章

良种母猪的选择与引种

一、优良母猪的特性

优良母猪是发展养猪生产的基础，是提高养猪生产水平的关键。母猪繁殖过程包括配种、妊娠、分娩、哺乳和断奶五个关键环节，理论上有很多指标可用来衡量母猪性能的好坏，如产仔数、初生重、断奶窝重、泌乳力、育成率、PSY（每年每头母猪提供的成活仔猪数）、MSY（每年每头母猪出栏肥猪头数）等。优良母猪应具备发情稳定、配种率高、产仔数多、泌乳力强、育成率高等特性。

（一）高　产

高产母猪来自高产血统，即品种优良。母猪体型较长、背部强壮，身体不能过于前倾或后仰；骨架宽大、后躯微倾；四肢结实有力、行走自如，无八字腿和蹄裂。乳头发育饱满、分布均匀，一般应在 7 对以上，无瞎乳头或凹陷、内翻乳头，有效乳头至少 6 对以上。两排乳头间隔较大，乳头所在位置没有过多的脂肪沉积。繁殖力强，窝产活仔数至少 12 头以上，PSY 25 头以上；生长速度较快、被毛光亮、精神状态好。

（二）高　效

发情稳定、明显，断奶后发情间隔短，配种率高；不仅产仔多，且仔猪初生重大、均匀度好；母猪母性好，哺乳和护仔性能强，无咬死、踩死和压死仔猪等恶习；母猪产后食欲旺盛，不挑食、不剩槽，泌乳性能好，每天放乳次数多、持续时间长；断奶仔猪存活率高，平均个体重和断奶窝重大。

（三）稳　定

常年多次发情，任何季节均可配种产仔，生产性能稳定；利用年限较长，其优良性能一般应保持 8 胎以上；对周围环境和饲料条件有较强的适应能力，尤其是对饲料营养应有较高的利用转化能力；具有较好的抗寒性、耐热性、体温调节功能及抗病力、无应激综合征（PSS）等。

二、主要品种简介

（一）我国主要地方猪种

2006 年 6 月，太湖猪、民猪、莱芜猪、大蒲莲猪、金华猪、香猪等共 34 个优良地方猪种（系）被国家农业部确定为国家级畜禽遗传资源保护品种。

1. 太湖猪　太湖猪主要分布在长江下游的太湖流域，包括产于江苏江阴、无锡、常熟、武进、丹阳等地的二花脸猪，产于上海嘉兴、平湖地区的嘉兴黑猪，产于上海松江、金山的枫泾猪，产于江苏金坛、扬中等地的米猪，产于江苏吴县的横泾猪和产于江苏启东、海门和上海崇明等地的沙头乌猪。以外形特征耳大和繁殖性能特高而闻名中外。

（1）体型外貌　头大额宽，额部多深皱褶，耳大下垂，耳尖多超过嘴角，全身被毛黑色或青灰色，毛稀疏，腹部皮肤多呈紫红色，也有鼻吻和尾尖白色的。梅山猪四肢末端为白色，俗称"四脚白"，分布于西部的米猪骨骼较细致，东部的梅山猪骨骼较粗壮，二花脸、枫泾、横泾和嘉兴黑猪则介于两者之间，沙乌头猪体质较紧凑，乳头多为16～18个（图1-1）。

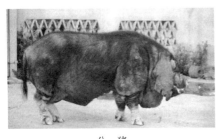 

公　猪　　　　　　　　　　　　　母　猪

图1-1　二花脸猪

（2）**生长发育**　二花脸公猪6月龄体重为48千克，体长95厘米，胸围81厘米；母猪6月龄体重49千克，体长95厘米，胸围82厘米。类群之间，以梅山猪较大，其他均接近二花脸猪。成年梅山公猪（20头）体重193千克，体长153厘米，胸围134厘米；成年梅山母猪（81头）体重173千克，体长148厘米，胸围129厘米。

（3）**繁殖性能**　太湖猪以繁殖力高著称于世，是世界已知品种中产仔数最高的一个品种。母猪头胎产仔数12.14头，经产可达15.83头，最高单胎产仔记录为42头。在太湖猪的各个地方类群中，又以二花脸的繁殖力最佳。母猪乳头数多，一般8～10对，泌乳力强，哺育率高。

太湖猪性成熟早，排卵数多。据测定，小公猪首次采得精液的日龄：二花脸猪为55～66天，嘉兴黑猪74～77天，梅山猪82天，枫泾猪88天。精液中首次出现精子的日龄：二花脸猪为60～75天，4～5月龄的精液品质已基本与成年公猪相似。二花脸母猪首次发情为64日龄。母猪在1个情期内的排卵数较多，据测定，成年嘉兴黑猪平均排卵数为 26 枚，最高为 43 枚，成年梅山母猪平均排卵 29 枚，最高为 46 枚。

（4）**肥育性能** 据对 8 头梅山猪测定，在 25～90 千克阶段，日增重 439 克，每千克增重消耗精饲料 4 千克、青饲料 3.99 千克。太湖猪屠宰率 65%～70%，胴体瘦肉率不高，皮、骨和花板油比例较大，瘦肉中的脂肪含量较高。类群之间略有差异，枫泾猪和梅山猪的皮所占比例较高，二花脸猪和米猪的脂肪较多。据上海市测定，宰前体重 75 千克的枫泾猪（20 头），胴体瘦肉占 39.92%，脂肪占 28.39%，皮占 18.08%，骨占 11.69%。据浙江省测定，宰前体重 74.43 千克的嘉兴黑猪（14 头），屠宰率 69.43%，胴体瘦肉率 45.08%。据南京农学院分析，二花脸猪眼肌含水分 72%，粗蛋白质 19.73%，粗脂肪 5.64%。

（5）**杂交利用** 太湖猪是很好的高产母本猪，与引进的瘦肉型品种进行三元杂交，商品猪瘦肉率可达 53% 以上。太湖猪的高繁殖力特性已引起世界养猪业的高度重视。英、法、美、日本、匈牙利、朝鲜等国引入太湖猪与其本国猪种进行杂交，以期提高本国的繁殖力。据法国国家农业科学院的试验结果，太湖猪与长白猪杂交，太湖猪的血缘占 1/2 时，母猪每胎比长白猪多产仔 6.4 头，若太湖猪血缘占 1/4 时，母猪每胎比长白猪多产仔 3.6 头。国际著名的猪育种公司，如英、美的 PIC 公司，在其专门化母系的培育中导入了太湖猪的血缘，以提高其繁殖力。

2. 民猪 民猪原产于东北和华北部分地区，现以吉林省的九站、桦甸、永吉、靖宇、通化等地，黑龙江省的绥滨、富锦、集贤、北安、德都、双城、贺西等地，辽宁省的丹东、建昌、瓦房店、昌图、朝阳等地，以及河北省的迁西、遵化、兴隆、丰宁、赤城等地分布较多，此外内蒙古自治区也有少量分布。

民猪产区气候寒冷，圈舍保温条件差，管理粗放，经过长期的自然选择和人工选择，使民猪形成了很强的抗寒能力，不仅能在敞圈中安全越冬，而且在 -15℃ 条件下尚可正常产仔和哺乳。

（1）**体型外貌**　民猪头中等大小，面直长，头纹纵行，耳大下垂，体躯扁，背腰窄狭，臀部倾斜，四肢粗壮，全身被毛黑色，毛密而长，猪鬃发达，冬季密生绒毛，乳头7～8对。

（2）**繁殖性能**　民猪性成熟早，繁殖力高。4月龄左右出现初情期，发情征候明显，配种受胎率高，护仔性强。母猪8月龄、体重80千克初配。平均头胎产仔11头，经产母猪产仔12～14头。

（3）**肥育性能**　民猪90千克屠宰，瘦肉率46.13%，肉质优良，肉色鲜红，大理石纹适中，分布均匀，肌内脂肪含量高（背最长肌5.22%、半膜肌6.12%），肉味香浓。缺点是皮厚，皮肤占胴体比例为11.76%。

（4）**杂交利用**　民猪是很好的杂交母本，与大约克夏、长白、杜洛克、汉普夏、苏白等杂交，杂种优势效益都很显著。

3.　**莱芜猪**　莱芜猪中心产区为山东省莱芜市，分布于泰安市及毗邻各县。是历史上经长期自然选择与人工选择，又经过多年选育形成的一个优良地方猪种，以适应性强、繁殖率高、耐粗饲、肉质好著称。

（1）**体型外貌**　莱芜猪体型中等，体质结实，被毛全黑，毛密鬃长，有绒毛，耳根软，耳大下垂齐嘴角，嘴筒长直，额部较窄有6～8条倒"八"字纵纹，单脊背，背腰较平直，腹大不过垂，后躯欠丰满，斜尻，铺蹄卧系，尾粗长，有效乳头7～8对，排列整齐，乳房发育良好（图1-2）。

公　猪　　　　　　　　　母　猪

图1-2　莱芜猪

（2）**繁殖性能** 莱芜猪性成熟早，繁殖力高。初情期4月龄左右，实践观察，莱芜母猪初配期应以6月龄阶段60千克为宜，公猪应在7月龄阶段、体重60～70千克时为宜。初产母猪平均产仔11头左右，活仔10头。经产母猪产仔14～16头，产活仔数12～15头。最高产仔28～30头，产活仔22头。

（3）**肥育性能** 据测定，在每千克日粮含消化能12.54兆焦、可消化粗蛋白质130克水平下，采用一贯肥育法，体重27.55～80.78千克阶段，平均日增重421克，每增重1千克需精饲料4.19千克。莱芜猪90千克体重屠宰，瘦肉率45.79%，大理石纹适中，分布均匀，肌内脂肪含量高（背最长肌5.22%、半膜肌6.12%），肉质优良，肉色红嫩，肉味鲜香。

（4）**保护与利用** 1983年开始进行莱芜猪自群选育及杂交利用研究，组建了60头基础母猪的核心群，开展品系繁育。至1996年共完成6个世代的选育。六世代同一世代比，生长发育加快，6月龄后备公、母猪体重达到44.9千克和56.6千克，分别增加5.70和12.70千克；繁殖性能有些提高，六世代初产猪平均产仔12.20头、活仔11.30头，双月断奶育成10.40头，窝重122.48千克，分别提高2.14头、1.80头、1.25头和17.55千克；肥育性能也有较大改进，六世代猪肥育日增重427克、料肉比4.09：1、瘦肉率47.36%，分别提高100克、0.78和1.27%。通过以莱芜猪为母本，与引进的瘦肉型父本杂交的二元、三元商品猪肥育性能和酮体品质具有明显的杂交优势。如筛选的汉莱二元杂交商品猪组合，日增重528克、料肉比3.90：1、瘦肉率52.71%，比莱芜猪分别提高59克、1.06和11.04%；汉大莱三元杂交商品猪，日增重726克、料肉比3.39：1、瘦肉率61.48%，比大莱猪分别提高235克、0.87和11.08%。

在莱芜猪的杂交利用中，发现大莱二元杂种母猪具有良好的繁殖能力。据测定84窝经产大莱母猪，平均总产仔数16.1头，活仔14.2头、初生窝重15.8千克，双月断奶育成12.6头、窝重227.7千克。据山东省畜牧兽医总站等试验，大莱母猪窝平均产仔数16.2

头，活仔 14.4 头，双月断奶育成 13.6 头、窝重 242.9 千克。汉大莱三元杂交仔猪全窝肥育，日增重 714 克，料肉比 3.28:1，窝产胴体 922 千克，其中瘦肉 552 千克。20 世纪 90 年代中期开始，进行莱芜猪杂交合成系及配套生产杂优商品猪的研究，目前已取得阶段性成果。莱芜猪保种与选育取得的较大进展，拓宽了开发利用地方猪种的有效途径，保存了一个地方优良猪种的基因库，对肉猪生产提高繁殖率和猪肉品质具有十分重要的价值。

4. 大蒲莲猪 大蒲莲猪又名"五花头""大褶皮""莲花头"。主要分布于济宁市西部、菏泽地区东部的南旺湖边沿地区，又名"沿河大猪"。是山东省体型较大的华北型黑猪，具有抗病耐粗、多胎高产、哺育力强、肉质好等优良特性。

（1）体型外貌 大蒲莲猪体型较大，外观粗糙，结构松弛，头长额窄，有"川"字形纵纹，呈莲花行，嘴粗细中等、长短适中微上翘，耳大下垂与嘴等长。胸部较窄，欠丰满，单脊背，背腰窄长，微凹，腹大下垂，臀部丰圆，斜尻，后驱高于前驱。四肢粗壮，卧膝，尾粗细中等，长而下垂过飞节。皮松，在后肢飞节之前及前肢肩胛骨后下方，各有数条较深的皱褶。全身被毛黑色，颈部鬃长 14～16 厘米，最长达 23 厘米。乳头 8～9 对，排列整齐（图 1-3）。

（2）生长发育 据嘉祥县 1972 年调查，成年母猪体重为 130 千克，体高 72.25（67～75）厘米，体长 130.0（124～133）厘米，胸围 124.5（117～132）厘米。

公 猪

母 猪

图 1-3 大蒲莲猪

（3）**繁殖性能**　大蒲莲母猪性成熟较早，一般3～4月龄、体重20～30千克达性成熟，多数5月龄以后开始配种。发情明显，有停食、尖叫、精神不安等表现。发情周期18～20天，持续期4～5天，一般于发情开始后第三天配种，一次即可受胎，空怀失配的极少。一般初产8～10头，经产10～14头，产15～19头者为数不少，最多达33头者。仔猪初生重0.75千克左右，30日龄个体重5.0～6.5千克。大蒲莲猪母性强，护仔性好，哺育率达98%以上。

（4）**肥育性能**　大蒲莲猪体型大，经济成熟晚，一般喂养1年以上可达体重100千克以上。皮松膘厚。

（5）**保护与利用**　大蒲莲猪是一个古老的地方猪种，具有适应性强、繁殖率高、肉质好等宝贵特性。加强保种选育，不仅为华北黑猪群保存了一个偏大体型猪种基因库，而且具有十分广阔的开发前景和重要的育种利用价值。

5. 金华猪　金华猪原产地为浙江省金华地区东阳县的划水、湖溪，义乌县的上溪、东河、下沿，金华县的孝顺、曹宅、澧浦等地。主要分布于东阳、浦江、义乌、金华、永康、武义等县。

金华猪以肉质好、适于腌制火腿和腊肉而著称。它的鲜腿重6～7千克，皮薄、肉嫩、骨细、肥瘦比例恰当、瘦中夹肥、五花明显。以此为原料制作的金华火腿是我国著名传统的熏腊制品，为火腿中的上品。它皮色黄亮，肉红似火，香烈而清醇，咸淡适口，色、香、味形俱佳，且便于携带和贮藏，畅销于国内外。

（1）**体型外貌**　体型中等偏小。耳中等大，下垂不超过嘴角，额有皱纹。颈粗短。背微凹，腹大微下垂，臀较倾斜。四肢细短，蹄质坚实呈玉色。皮薄，毛疏，骨细。毛色以中间白、两头黑为特征，即头颈和臀尾部为黑皮黑毛，体躯中间为白皮白毛，因此又称"两头乌"或"金华两头乌"猪，但也有少数猪在背部有黑斑。乳头多为8对。

金华猪按头形可分"寿"字头形、老鼠头形和中间形3种，现称为大、小、中型。"寿"字头形，体型稍大，额部皱纹较多较深，历史上多分布于金华、义乌两县；老鼠头形体型较小，嘴筒较窄长，额面较平滑，结构紧凑细致，背窄而平，四肢较细，生长较慢，但肉质较好，多分布于东阳县；中间形则介于两者之间，是目前产区饲养最广的一种类型。

（2）**生长发育**　据对农村调查显示，6月龄公猪（213头）体重30.98千克，母猪（934头）34.15千克。据规模养殖场对6月龄种猪的测定，公猪（83头）体重34.01千克，体长83.71厘米，胸围71.43厘米，体高46.37厘米；母猪（137头）相应为：41.16千克，88.38厘米，76.02厘米，47.79厘米。在农村散养条件下，成年公猪（20头）体重111.87千克，体长127.82厘米，胸围113.05厘米；成年母猪（126头）相应为：97.13千克，122.56厘米，106.27厘米。

（3）**繁殖性能**　据东阳县良种场测定；小公猪64日龄、体重11千克时即出现精子，101日龄时已能采得精液，其质量已近似成年公猪。小母猪的卵巢在60～75日龄时已有发育良好的卵泡，110日龄、体重28千克时已有红体，证明性成熟早。农村中公、母猪一般在5月龄左右、体重25～30千克时初配，近年初配时期有所推迟。在规模猪场条件下，三胎及三胎以上母猪平均产仔数13.78头，成活率97.17%，初生个体重0.65千克，20日龄窝重32.49千克，60日龄断奶窝育成11.68头，哺育率87.23%，断奶窝重116.34千克，个体重9.96千克。

（4）**肥育性能**　据在较好饲养条件下测定，59头猪体重从16.76千克增至76.03千克，饲养期127.65天，日增重464克，每千克增重耗精饲料3.65千克、青饲料3.33千克。又据40头肥育猪测定，宰前体重67.17千克，屠宰率71.71%，皮厚0.37厘米，腿臀比例30.94%，胴体中瘦肉占43.36%，脂肪占39.96%，皮占8.5%，骨占8.14%。可见金华猪具备皮薄、骨细、瘦肉多、腿臀发达的特点。

（5）**杂交利用**　与引进的瘦肉型品种猪进行二、三元杂交，有明显杂种优势。

6. 香猪 香猪是一种特殊的小型地方猪种，早熟易肥，肉质香嫩，哺乳仔猪或断奶仔猪宰食时，无奶腥味，故誉之为香猪。中心产区在贵州省从江县的宰便、加鸠两区，三都县都江区和广西壮族自治区环江县的明伦、东兴乡。主要分布在黔、桂接壤的榕江、荔波、融水等县北部，以及雷山、丹寨县等地。

（1）**体型外貌** 体躯矮小。头较直，额部皱纹浅而少，耳较小而薄、略向两侧平伸或稍下垂。背腰宽而微凹，腹大丰圆触地，后躯较丰满。四肢短细，后肢多卧系。毛色多全黑，少数具有"六白"或不完全"六白"特征。乳头5～6对，多为5对。

（2）**生长发育** 据环江县调查，1～3岁公猪平均体重37.37千克，体长81.5厘米，胸围78.1厘米，体高47.4厘米。在较高饲养水平下，公猪4月龄体重7.87千克，6月龄16.02千克，8月龄26.33千克；母猪4月龄11.08千克，6月龄26.29千克，8月龄40.39千克。据对农村调查，可认定主要体尺24月龄已基本稳定，达到成年。农村中，成年母猪一般体重40千克，体长80厘米，胸围75～86厘米，体高45厘米左右。

（3）**繁殖性能** 性成熟早。公猪75～85日龄时产生精子。母猪初情期在120日龄，发情周期18天，持续期4.76天。产仔数，头胎平均4.5头，经产为5～8头。

（4）**肥育性能** 农村60～70日龄断奶后上槽，以青粗饲料为主"吊架子"肥育，后期催肥时加喂精饲料，从3.65千克养到37.62千克，饲养期250.6天，平均日增重136克。据贵州农学院1981年对香猪（16头）在较好条件下进行肥育测定，从90日龄、体重3.72千克开始，养至180日龄体重达22.61千克，日增重210克，每增长1千克活重消耗混合料3.19千克、青饲料0.37千克；养至240日龄时，体重达38.8千克，平均日增重234克；每增长1千克活重消耗混合料4.67千克、青饲料0.21千克。由此可见，香猪早熟易肥，适于早期屠宰。10头体重38.8千克的香猪屠宰测定结果：屠宰率65.74%，胴体长53.9厘米，膘厚3.0厘米，胴体中肉占46.7%，脂肪占 29.4%，皮占 14.0%，骨占 10.0%。

（5）开发利用　香猪用作烤乳猪，是国内一道名菜，两广、海南、我国香港普遍消费烤乳猪，利润较高；泰国、菲律宾、新加坡等东南亚国家也需要进口乳猪。国内市场也有待拓展。香猪进一步小型化，选育成体型更小的微型猪，可用作医学试验动物和器官移植；也可作为宠物饲养。

（二）国外引进的瘦肉型猪种

当今世界养猪业的瘦肉型猪种主要有大白猪、长白猪、杜洛克猪、汉普夏猪和皮特兰猪。在我国影响较大的是大白猪、长白猪和杜洛克猪。

1. 大白猪（Large white）　大白猪又名大约克夏猪，原产于英国。大白猪是目前世界上分布最广的品种之一。许多国家从英国引进大白猪，培育成适合本国养猪生产实际情况的大白猪新品系，如加系大白猪、美系大白猪、法系大白猪、德系大白猪、荷系大白猪等。大白猪在全世界猪种中占有重要的地位，因其既可用作父本，也可用作母本，且具有优良的种质特性，在欧洲被誉为"全能品种"。

大白猪体大，全身皮毛白色，允许偶有少量暗黑斑点，颜面微凹，耳大直立，背腰多微弓，四肢较高。平均乳头数 7 对。母猪初情期 170～200 天，适宜配种日龄 220～240 天，体重 120 千克以上，经产母猪平均产仔 10 头以上，达 100 千克体重日龄 170 天以下，料重比 2.8 以下。100 千克体重屠宰时，屠宰率 70% 以上，胴体瘦肉率 62% 以上，肉质优良。

大白猪具有增重快、饲料转化率高、胴体瘦肉率高、产仔数相对较多、母猪泌乳性良好等优点，且在我国分布较广，有较好的适应性。与我国地方猪种杂交时作为父本，在引入品种三元杂交中常用作母本或第一父本。

2. 长白猪（Landrace）　长白猪原产于丹麦，原名兰德瑞斯，因其体躯特长，毛色全白，故在我国通称为长白猪。长白猪作为优秀的瘦肉型猪种，在世界上分布很广，许多国家从 20 世纪 20 年代起相继从丹麦引进长白猪，结合本国的自然和经济条件，长期进行选育，育成了适应本国的长白猪，如英系长白猪、德系长白猪、法系长白猪、荷系长白猪等。

长白猪全身皮毛白色，允许偶有少量暗黑斑点；体躯呈流线型，两耳向前下平行直伸，背腰特长，体躯丰满，乳头数 7～8 对。母猪初情期 170～200 天，适宜配种日龄 220～240 天，体重 120 千克以上。经产母猪平均产仔 10 头以上，达 100 千克体重日龄 170 天以下，料重比 2.8 以下。100 千克体重屠宰时，屠宰率 72% 以上，胴体瘦肉率 63% 以上，肉质优良。

长白猪具有生长快、饲料转化率和胴体瘦肉率高、母猪产仔较多、泌乳性能较好等优点，但对饲养条件要求较高。长白猪存在体质较弱、抗逆性较差等缺点，经长期驯化得以较大改善。与我国地方猪种杂交时作为父本，在引入品种三元杂交中常用作母本或第一父本。在较好的饲料条件下与我国地方猪杂交效果显著。

3. 杜洛克猪（Duroc） 杜洛克猪原产于美国，是世界著名的瘦肉型猪种，在世界上分布很广。

杜洛克猪全身被毛棕色，允许体侧或腹下有少量小暗斑点，耳中等大，向前稍下垂，四肢粗壮。母猪初情期 170～200 天，适宜配种日龄 220～240 天，体重 120 千克以上。经产母猪平均产仔 9 头以上，达 100 千克体重日龄为 175 天以下，料重比 2.8 以下，100 千克体重屠宰，屠宰率 70% 以上，胴体瘦肉率 63% 以上，肉质优良。

杜洛克猪具有生长快、饲料效率高和适应性强的优点，但也存在产仔较少和母性稍差的缺点，所以在二元杂交中一般作为父本，在三元杂交中多用作终端父本。杜洛克猪能较好地适应我国的条件。我国地方品种与杜洛克猪杂交后，能够显著提高生长速度、饲料报酬和瘦肉率。

4. 皮特兰猪（Pietrain） 皮特兰猪原产于比利时，是世界著名瘦肉型品种，尤其以较高的胴体瘦肉率而闻名。

皮特兰猪体型中等，体躯呈方形。被毛灰白，夹有形状各异的大块黑色斑点，有的还夹有部分红毛。头较轻盈，耳中等大小，微向前倾，颈和四肢较短，肩部和臀部肌肉特别发达。法国皮特兰猪平均产仔数 10.2 头，断奶仔猪数 8.3 头。生长速度和饲料转化率一般，特别是 90 千克后生长速度显著减缓。胴体品质较好，突出表现在背膘薄、胴体瘦肉率很高。据法国资料报道，皮特兰猪背膘厚 7.8 毫米，90 千克体重胴体瘦肉率高达 70% 左右。

皮特兰猪具有背膘薄、胴体瘦肉率极高的特点，但日增重和繁殖性能较低，生长发育相对较缓慢，肉质欠佳，肌肉纤维较粗，氟烷阳性率高，易发生猪应激综合征（PSS），产生 PSE 肉（即肉色灰白、质地松软和渗水的劣质肉）。在杂交体系中多用作终端父本，与应激抵抗型品种（系）母本杂交生产商品猪。

5. PIC 猪 PIC 是"种猪改良集团"的英文缩写。该集团最早是在英国成立，后总部移至美国，1999 年在我国上海设立分部。由世界 4 个著名的公猪品种相互间杂交（丹麦长白猪、英国大约克猪、美国杜洛克猪、比利时皮特兰猪），采用品系选育的方法，以我国著名的地方品种——梅山猪作为基础母本，生产出优质五元瘦肉型商品猪，通常也把 PIC 当做这种商品猪的代号。该猪具有 3 个方面的显著优势：①生长快、耗料低。料肉比 2.8∶1，达 100 千克体重仅需 155 天左右。②出肉率高。屠宰后出肉率均值在 79% 左右。③背膘薄，至 100 千克时，背膘厚仅为 1.5 厘米。

PIC 猪主要特点是生长速度快，瘦肉率高，屠宰率高。外貌相似于长白猪，后腿、臀部肌肉发达，后背宽瘦肉率可达 64.1%～65.9%，窝平均产仔 13.17 头，30～100 千克平均日增重 900 克，屠宰率达 82.3%，饲料报酬 2.55。作为肉猪，它又集胴体瘦肉率高、背膘薄、肉质鲜嫩、肌间脂肪均匀等优点于一身。

PIC 配套系猪是由英国 PIC 公司运用 21 世纪最前沿的分子遗传

学技术，利用世界 36 个优良猪种的优良基因，进行专门化培育而成的优良猪种，是当今世界最优秀的猪种之一。

6. TOPIG 猪 荷兰托佩克种猪（TOPIG）是 20 世纪 60 年代由世界第二大种猪公司荷兰托佩克国际种猪公司培育的达兰猪。这种猪生长快、抗病力强、遗传性能稳定，是目前欧美"当家"猪种。

托佩克国际种猪公司拥有母系 6 个，父系 5 个，连州市高原农场引进的是 A 系、B 系、E 系三系配套，对气候、环境适应能力强，管理相对比较粗放，适合于我国当前养猪业的大环境。

托佩克种猪与现有的国外引进配套系猪一个很大不同点在于三系配套，比较简练灵活，生产体系的种用率比较高，其繁殖性能好是很大的特点，母猪发情明显、特别是哺乳母猪断奶后，1 周内发情率很高，托佩克猪原种各系母猪的乳房发育良好，乳头饱满、泌乳能力强，窝产仔数高，仔猪活力高、强壮、生长速度快，抗病力强，肉质好。

托佩克在中国养猪场市场深受广大用户的欢迎，主要原因是托佩克体形整齐、四肢结实、生长快、肉质好、抗病力强、繁育性能好，商品猪 150 天体重可达 110 千克，胴体瘦肉率超过 65%，平均背腰厚 1.8 厘米以下，父代、母代猪产仔数平均超过 12.7 头。托佩克是一个国际性的猪种，也是世界上最优秀的种猪源之一，它可以用最低的成本生产最好的猪肉产品。

三、母猪的引种

种猪质量应当从生产性能和健康状况等方面综合考虑，不能过分强调体型。否则，会事与愿违，造成经济损失，甚至引进疾病。

（一）生产性能好

父系与母系品种选择的标准不同。父系品种应具有瘦肉率高、生长快、饲料效率高等特性，而母系品种应重点考虑产仔数和泌乳能力，同时要求在瘦肉率和生长速度上具有良好的遗传素质。

（二）健康状况好

这是引种时首先考虑的重要问题，如果在引种时只考虑价格、体型，而忽略了健康水平这一关键要素，可能会出现引进种猪的同时也把疾病引回来的情况。因此，引种时必须首先考察该种猪场的防疫制度是否完善、执行是否严格，所在地区是否为无疫区，所处的环境位置是否有利于防疫，健康水平如何。有条件的最好进行抽血化验，检测抗体，必要时要检测抗原，做到胸中有数。

（三）不要过分强调体型

只要是臀部特别丰满的猪，不管其生产性能如何就盲目引进，这是一个误区。瘦肉型猪种皮特兰猪、杜洛克猪、汉普夏猪、大白猪和长白猪都具有腿臀丰满的特征，其中一些个体有双肌现象。国外有研究表明，双肌猪的泌乳能力要比单肌的泌乳能力差 5%～10%，直接影响仔猪的断奶窝重。另外，臀部特别大的猪容易发生难产。所以，在选购种猪时，应当是在重视被选个体的生产性能的前提下，去考虑它的体型。公猪要注重生长速度、饲料报酬、瘦肉率、肢蹄健壮度、性欲等性状。母猪则应在考虑生长性状的同时，侧重于母性性状，如产仔数、泌乳力、乳头数、身体结实度等。

（四）避免从多家种猪场引种

虽然种源多、血缘宽有利于本场猪群生产性能的改善，但是这样做引进疾病的风险也就越大。因为各个种猪场的健康水平不同，存在的疾病也不同，一旦多家猪场的猪混群后暴发几种疾病的可能性就越大。所以，在引种时尽量从一两家生产性能好和健康水平高的种猪企业引进。

四、养好母猪的关键阶段

饲养母猪的目的是让它们持续提供大量的商品猪，提高经济效益。猪的繁殖力高，表现在母猪常年多次发情，任何季节均可配种产仔，而且是多胎高产。养好母猪是养猪生产的关键。

母猪的繁殖是个复杂的生理过程，不同的生理阶段需要进行不同的饲养管理。繁殖母猪待仔猪断奶后进入空怀期，发情配种后开始了妊娠期，分娩后则到了哺乳期，直到断奶后又进入空怀期，就这样不间断地进行繁殖生产。

（一）妊娠母猪

饲养妊娠母猪的中心任务是保证胎儿能在母体内得到充分的生长发育，防止吸收胎儿、流产和死胎的发生，使母猪生产出数量多、初生体重大、体质健壮和均匀整齐的仔猪。

1. 早期妊娠诊断　如果母猪配种后大约3周没有再出现发情，并且有食欲渐增、毛顺发亮、增膘明显、性情温顺、行动稳重、贪睡、尾巴自然下垂、阴门缩成一条线、驱赶时夹着尾巴走路等现象，就可初步判断为妊娠。

2. 妊娠母猪预产期的推算　母猪的妊娠期平均为114天，常用以下两种方法推算：①"三、三、三"法。把母猪的妊娠期记为3个月3周零3天。②配种月加3、配种日加20法。在母猪配种月份上加3，在配种日子上加20，所得日期就是母猪的预产期。例如：2月1日配种，5月21日分娩；3月20日配种，7月10日分娩。

3. 妊娠母猪的饲养　在妊娠期要给予一个精确的日粮，保证胎儿良好的生长发育，减少胚胎死亡率，并使母猪产后有良好的体况和泌乳性能。在没有严重的寄生虫感染、单独饲喂的适当环境条件下，妊娠母猪每天饲喂1.8～2.7千克饲料是适宜的。通常在妊娠期的最后1～2周，增加喂料量1～1.5千克，有利于提高仔猪的初生重。

4. 妊娠母猪的管理 可分小群饲养和单栏饲养。小群饲养就是将配种期相近、体重大小和性情强弱相近的 3～5 头母猪在一圈饲养。到妊娠后期每圈饲养 2～3 头。小群饲养的优点是妊娠母猪可以自由运动，食欲旺盛，缺点是如果分群不当，胆小的母猪吃食少，影响胎儿的生长发育。单栏饲养也称定位饲养，优点是采食量均匀，缺点是不能自由运动，肢蹄病较多。

要保持猪舍的清洁卫生，注意防寒防暑，有良好的通风换气设备；禁止给吃发霉变质和有毒的饲料，供给清洁饮水；对妊娠母猪态度要温和，不要打骂惊吓；每天都要观察母猪吃食、饮水、粪尿和精神状态，做到防病治病，定期驱虫。

（二）分娩母猪

母猪在分娩后应当尽快让它们吃饱，从产仔到断奶均可采取自由采食的饲喂方式。产前可以使用饲喂大体积饲料，如麦麸、甜菜渣、优质青绿饲料等。在分娩时和泌乳早期，饲喂抗生素能减少母猪子宫炎和缺乳症的发生。母猪分娩是养猪生产中最繁忙的生产环节，为了保证母猪顺利生产和仔猪健壮，要做好以下工作。

1. 产前准备 产房要彻底清扫，并用火碱水等消毒，有条件的最好用熏蒸法消毒；产前应准备好高锰酸钾、碘酒、干净毛巾、照明用灯，冬季还应准备仔猪保温箱、红外线灯或电热板等；产仔前一周将妊娠母猪赶入产房，上产床前将母猪全身冲洗干净，这样可保证产床的清洁卫生，减少初生仔猪的疾病。

2. 母猪临产前的行为 随着临产期的接近，母猪表现出筑巢行为。此时可能会显得非常不安，频繁起卧。当临产期更近时，可以挤出初乳。在即将分娩前，偶尔可看见乳头滴奶现象。母猪临产前，阴门红肿下垂，尾根两侧出现凹陷，这是骨盆开张的标志。排泄粪尿的次数增加。有时可见阴门处有黏液流出。

3. 接产 母猪分娩的持续时间平均为 2.5 小时，平均出生间隔为 15～20 分钟。母猪分娩前用 0.1% 高锰酸钾溶液擦洗乳房及外阴部。母猪产仔时保持安静的环境，以防止难产和缩短产仔时间。

4. 初乳 母猪的乳汁分为初乳和常乳，初乳主要是产仔 24 小时之内分泌的乳汁，一般认为，头 3 天的乳汁为初乳。初乳比常乳浓，含有较多免疫球蛋白。初乳含有镁盐，具有轻泻作用。仔猪出生后，必须尽快吃到初乳，以增强抗病力。

（三）泌乳母猪

1 头哺乳母猪的日产奶量大约为 7 千克，所以哺乳期应当喂好。总的目标是使泌乳母猪采食量增加到最大限度，体重减少到最低程度。

1. 泌乳母猪的饲养 从分娩当天开始，提供新鲜饲料，尽量让它们多吃。通过提供高能量日粮来增加能量的摄入。给予足够的蛋白质，以保证在断奶后及时发情和排卵。在哺乳期如果蛋白质不足，会影响断奶后母猪的发情和受胎，特别是对于初产母猪。我国的传统做法是，开始应供给稀料，2～3 天后饲料喂量逐渐增多。5～7 天改喂潮拌料，饲料量可达到饲养标准规定量。最好日喂 3 次，有条件的场可加喂一些优质青绿饲料。

2. 泌乳母猪的管理 要随时清扫粪便，保持清洁干燥和良好的通风。冬季应注意防寒保温，产房应有取暖设备，防止贼风侵袭。在夏季应注意防暑，增设防暑降温设施，防止母猪中暑。圈栏应平坦，特别是产床要去掉突出的尖物，防止剐伤、剐掉乳头。

母猪泌乳的需水量大，每天达 32 升。只有保证充足清洁的饮水，才能有正常的泌乳量。要及时观察母猪吃食、粪便、精神状态及仔猪的生长发育，以便判断母猪的健康状态。

五、母猪的淘汰与更新

（一）合理的母猪群结构

1. 保持合理的年龄结构 基础母猪群，年龄结构应有一个正确的比例，既要防止幼龄母猪比例太高，又要避免老年的母猪比例太高。幼龄母猪排卵率较低，窝产仔数少，同时生殖器官生长发育还在完善阶段，往往发情不正常，排卵不规则的情况较多。而老龄母猪，排卵率与窝产仔数虽较高，但产的仔猪不均匀，弱小、死胎较多，且由于生殖器官功能退化，患子宫内膜炎与卵巢囊肿等病较多。还有的老母猪因奶水不足，仔猪吊在乳头上，易被母猪踏死或压死。因此，幼龄母猪或老龄母猪比例太高都会直接影响母猪群的配种受胎率、窝产仔数与成活率。通常一个母猪群适合的年龄结构比例为 1.5～2 岁占 35%，2～3 岁占 30%，3～4 岁占 20%，4～5 岁占 10%，5 岁以上的占 5%。因为母猪一生中繁殖率最旺盛的年龄是 2～4 岁，正规的育种场，母猪利用年限不超过 5 年，少数优良母猪可达 6 年，特优者最多为 7 年。对商品种猪场来说，母猪的淘汰年龄可适当放宽，即 5 岁母猪的比例可适当高一些。为此，每年应按基础母猪群头数的 50% 留足 1～1.5 岁的母猪，再从中淘汰 30%，选留 70% 补充基础母猪群。

2. 公母比例结构合理　自然交配条件下，公猪应按母猪数的 20～30 头留 1 头的比例留足，其利用年限应比母猪少 1～2 年，即一般从 8～10 月龄开始配种，到 3 岁左右结束，少数优良公猪可以用到 4 岁，这段年龄的公猪身体健壮，精力充沛，性欲旺盛，配种力强，精子密度高、活力强。如果公猪开始使用太早，会影响本身的生长发育，易出现早衰（地方品种公猪因早熟，可适当提早到 6～8 月龄开始配种）。相反，公猪利用年龄过长，因体大笨重，性欲下降，影响配种效果。

（二）母猪淘汰的原则

种猪是猪群增值的基础，是整个养猪生产的核心。种猪的质量直接影响着整个猪群的素质，如何合理地淘汰、更新种猪非常关键。由于种猪的使用是有年限的，自然交配时公猪一般不超过 2 年，母猪不超过 8 胎，采精公猪使用 2～3 年，母猪不超过 8 胎，而且种猪个体间生产性能差异很大。因此，只有实行科学、合理的种猪淘汰与更新制度，才能实现稳定或提高种猪的生产水平，达到提高猪场经济效益的目的。

以100头基础母猪为例，假定猪场分娩指数为2.3胎/年，则计算如下：

母猪：按一个有效生命周期繁殖8胎，每头母猪年产2.3胎计算，则母猪平均使用年限为3.5年（8/2.3）。年淘汰率为30%（1/3.5×100%）。100头基础母猪的猪场每年应淘汰、更新30头，每月应淘汰更新头数为2.5头（30/12），如果是大型猪场，还应算出每周淘汰更新的头数。

母猪群年龄结构，主要依据母猪的利用年限而定。一般母猪的繁殖高峰期为3～8胎，所以母猪的使用年限为4～5岁，每年更新20%～30%。对生产能力较高的母猪可适当延长利用年限，对生产能力低的母猪可提早淘汰。猪群中，青壮年母猪应占基础母猪群的80%以上。

出现以下情况的母猪应及时淘汰：年龄和体重已达到配种标准，但继续饲养2～3个情期后不发情的后备母猪；断奶后60天确定不发情的母猪；连续返情3～4次的母猪；连续2胎产仔数少于6头或死胎和弱仔多或产仔不均匀的母猪；乳头少于6对、发育不正常，有翻乳头、瞎乳头、副乳头，泌乳力差的母猪；母性不好、有恶癖、哺育率低的母猪；采食缓慢、体躯过肥、行动迟缓、皮肤无光泽、眼睛无神的母猪；产生畸形后代的母猪；患有疾病或伤残、年龄偏大、生产性能下降的母猪。

一般来说，种猪群要有既定的母猪淘汰方法，其各产次母猪的比例要保持稳定，1～8胎产次母猪的理想比例约为17%、16%、15%、14%、13%、11%、10%和低于4%。

第二章

种公猪选择及人工授精技术

一、后备种公猪选择

后备公猪的选择应具备以下条件。

（一）体质强健，外形良好

后备公猪体质要结实紧凑，肩胸结合良好，背腰宽平，腹大小适中，肢蹄稳健；无遗传疾病，并应经系谱审查确认其祖先或同胞也无遗传疾病；体型外貌具有品种的典型特征，如毛色、耳型、头型、体型等。

（二）生长发育快，胴体性状优良

后备公猪应选择生长发育性状和胴体性状优良的个体。可根据后备公猪自身成绩、系谱资料和个体生长发育状况进行选择。生产性能选择：种公猪的某些生产性能，如生长速度、饲料转化率和背膘厚度等，都具有中等到高等的遗传力。因此，应该选择在这方面具有最高性能指数的公猪作为种公猪。系谱资料选择：利用系谱资料进行选择公猪，主要是根据亲代、同胞、后裔的生产成绩来衡量被选择公猪的性能，具有优良性能的个体，在后代中能够表现出良好的遗传素质。系谱选择必须具备完整的记录档案，根据记录分析各性状逐代传递的趋向，选择综合评价指数最优的个体留作公猪。

个体生长发育选择，是根据种公猪本身的体重、体尺发育情况，测定种公猪不同阶段的体重、体尺变化速度，在同等条件下选育的个体，体重、体尺的成绩越高，种公猪的等级越高。对幼龄小公猪的选择，生长发育是重要的选择依据之一。

（三）生殖系统功能健全

虽然公猪生殖系统的大部分在体内，但是通过外部器官的检查，可以很好地掌握生殖系统的健康程度。要检查公猪睾丸的发育程度，要求睾丸发育良好，大小相同，整齐对称，摸起来感到结实但不坚硬，切忌隐睾、单睾。还应认真检查有无疝气和包皮积尿而膨大等疾病。一般来说，如果睾丸生长发育充分且外观正常，那么，生殖系统的其他部分大都正常。

（四）健康状况良好

小型养猪场（户）若从外场购入后备公猪，应保证健康状况良好，以免将新的疾病带入。如选购可配种利用的后备公猪，要求至少应在配种前60天购入，这样才有足够的时间进行隔离观察，并使公猪适应新的环境，如果发生问题，也有足够时间补救。

二、种公猪营养需要

（一）能　量

配种时公猪的能量需要包括以下几个方面的内容：维持、体增重、产生精子、配种、环境温度低于下限临界温度时额外产热。按以上进行析因分析，所得结果为公猪的消化能（DE）需要量在29～41.5兆焦/天，环境温度比20℃每下降1℃，额外增加3%。

公猪的维持能量需要量按公式计算，即消化能0.415兆焦/千克代谢体重。用于生长的能量需要量很难计算，因为测定公猪最佳生长速度的研究很少。过食并不好，因为这样会降低公猪的性欲，提高腿病的发生率，同时增加公猪的体重和体型，以至于早期不得不淘汰。由于公猪的价格很高，早期淘汰造成的损失太大。限饲过度也会影响繁殖性能，如精细胞数目减少和精细胞繁殖能力降低等。

最近，荷兰 Wageningen 大学的研究人员对种公猪的最佳生长速度进行测试，推荐如下，体重为 150~250 千克的青年公猪，日增重以 400 克为宜；体重为 250~400 千克的成年公猪，日增重以 200 克为宜。每千克增重需 32.8 兆焦的消化能。繁殖活动（产生精子和交配）的能量需要量为 18 千克/千克代谢体重，这一数值不到维持需要的 3%，因此在确定公猪的每日能量需要量时常忽略不计，各种体重的公猪能量需要量见表 2-1。

表 2-1　配种公猪的能量需要量

活重（千克）	150	200	250	300	350	400
日增重（克/天）	500	400	300	200	100	50
用于维持的能量需要（兆焦/天）[1]	17.8	22.1	26.1	29.9	33.6	37.1
用于生长的能量需要（兆焦/天）[2]	16.4	13.1	9.8	6.6	3.3	1.6
总能量需要量（兆焦/天）[2]	34.2	35.2	35.9	36.5	36.9	38.7
日采食量（千克/天）[3]	2.6	2.7	2.8	2.8	2.8	3

注：1. 维持需要 = 0.45 兆焦/千克 $BW^{0.75}$；2. 生长需要 = 32.8 兆焦/千克增重；3. 日粮能量尝试为 13 兆焦消化能/千克。

上表的结果表明，种公猪的每日饲料供给量应为 2.6~3.0 千克，情况要依配种强度、环境条件、公猪的体重和体况而定。公猪应单饲，每日饲喂 2 次。这样，每天都可以检查公猪的健康状况和精力，必要时还可以调整供料量。在任何时候都必须保证供给充足新鲜的饮水。

（二）蛋 白 质

有少数试验研究了蛋白质和氨基酸（如赖氨酸、蛋氨酸和胱氨酸）对精细胞数目的影响。低蛋白水平减小精细胞射出的数目说明了为了达到最大射精量，日粮粗蛋白质含量有一个下限值，一般推荐值为 14% 的粗蛋白质、0.65% 的赖氨酸和 0.44% 的含硫氨基酸。

（三）矿 物 质

在考虑种公猪的矿物质营养时，钙、磷是必须考虑的两个元素。因为它们对公猪生长速度、骨骼钙化、腿的发育健壮与否起着关键性作用。一般认为，使骨骼矿物质沉积最大钙、磷需要量要比生长速度最大需要量高。四肢的健壮程度是考虑肢蹄病、公猪性欲和爬跨能力的一项重要指标。有报道指出，与采用 100% NRC 的钙和磷推荐值相比，采用 150% NRC 的钙和磷推荐值可使种公猪的骨壁变厚、强度增大。

一般认为，锌对精子的生成起着重要的作用。因为缺锌可以导致间质细胞发育迟缓，降低促黄体生成激素，减少睾丸类固醇的生成，锌的推荐水平为 100 毫克 / 千克日粮。公猪对其他矿物元素无额外需要，基本与母猪相近。

（四）维 生 素

过去一直认为，种公猪的维生素需要量也不比种母猪高多少。但生物素在种公猪日粮中的重要性日趋明显，因为生物素和腿损伤有关，对种公猪繁殖性能非常重要。生物素是一种必需的含硫水溶性维生素。在日粮中添加生物素可以显著增加蹄的强度，生物素预防蹄损伤的机理还不十分清楚，不过我们已知道生物素可吸收提高蹄壁的抗挤压强度和硬度，从而降低蹄后跟球状组织的硬度，那些柔软的蹄后跟起一个垫子作用，用于减小重压和缓冲张力。有人认为，对于那些易发生应激的种公猪而言，维生素 E 和维生素 C 具有特别重要的作用。

（五）纤维素

在实际饲养种公猪时遇到的一些问题，如由于供料量少而导致公猪饥饿、受挫、行为失常和福利差。在日粮中使用容重小的纤维素可以克服这些问题，且有利于公猪的健康。当然日粮中养分的含量足以满足公猪的需要，在一个较长的时间范围内纤维素可减少公猪的饥饿感；纤维素延长了胃排空时间和食糜通过肠道的时间，动物饱腹感的时间持续较长。此外，饲喂高纤维日粮对动物的健康和福利也有好处。例如，饲喂化合物的动物常导致食管损伤，采食量降低，繁殖性能下降。提高日粮的纤维素含量可以降低这种损伤的发生程度。

总之，每天喂 2.6～3.0 千克消化能含量 13.0 兆焦/千克的日粮即可满足 1 头普通公猪（18～24 月龄，175～250 千克，温度适宜）的能量和蛋白质需要。无垫草条件下，环境温度比 21℃每降低 1℃，公猪每天适量增加饲料。对于饲养于有干草垫床的公猪，下限临界温度为 17℃（表 2-2）。

表 2-2　成年公猪的日粮组成

体重（千克）	150～200	200～300
消化能（兆焦/千克）	13	13
粗蛋白质（%）	15	14
赖氨酸（%）	0.7	0.55
含硫氨基酸（%）	0.47	0.4
钙（%）	0.8	0.75
磷（%）	0.7	0.6

为了提高与配母猪的受胎率和产仔头数，对种公猪要进行良好的饲养管理。种公猪与其他家畜公畜比较，有精液量大、总精子数

目多、交配时间长等特点，因此要消耗较多的营养物质。猪精液中的大部分物质是蛋白质，所以种公猪特别需要氨基酸平衡的动物性蛋白质。形成精液的必需氨基酸有赖氨酸、色氨酸、胱氨酸、组氨酸、蛋氨酸等，尤其是赖氨酸更为重要。

种公猪的营养水平和饲料喂量，与其品种类型、体重大小、配种利用强度等因素有关。实行季节性产仔的地区或猪场，种公猪的饲养管理分为配种期和非配种期。配种期饲料的营养水平和饲料喂量均高于非配种期。在配种季节前1个月至配种结束，在原日粮的基础上，加喂鱼粉、鸡蛋、多种维生素和青饲料，使种公猪在配种期内保持旺盛的性欲和良好的精液品质，提高受胎率和产仔头数。在常年均衡产仔的猪场，种公猪常年配种使用，按配种期的营养水平和饲料给量饲养。

三、种公猪饲养管理

种公猪除与其他猪一样应该生活在清洁、干燥、空气新鲜、舒适的生活环境条件中以外，还应做好以下工作。

（一）建立良好的生活制度

饲喂、采精或配种、运动、刷拭等各项作业都应在大体固定的时间内进行，利用条件反射养成规律性的生活制度，便于管理操作。

（二）分 群

种公猪可分为单圈和小群两种饲养方式，单圈饲养单独运动的种公猪可减少相互爬跨干扰而造成的精液损失，节省饲料。小群饲养种公猪必须是从小合群，一般2头一圈，最多不能超过3头。小群饲养、合群运动，可充分利用圈舍、节省人力，但利用年限较短。

（三）运　动

加强种公猪的运动，可以促进食欲、增强体质、避免肥胖、提高性欲和精液品质。运动不足会使公猪贪睡、肥胖、性欲低、四肢软弱且多肢蹄病，影响配种效果，所以每天应坚持运动种公猪。种公猪除在运动场自由运动外，每天还应进行驱赶运动，上、下午各运动1次，每次行程2千米。夏季可在早、晚凉爽时进行，冬季可在中午运动1次。如果有条件可利用放牧代替运动。目前，在一些工厂化猪场种公猪没有运动条件，不进行驱赶运动，所以淘汰率增加，缩短了种用年限，一般只利用2年左右。

（四）刷拭和修蹄

每天定时用刷子刷拭猪体，热天结合淋浴冲洗，可保持皮肤清洁卫生，促进血液循环和少患皮肤病和外寄生虫病。这也是饲养员调教公猪的机会，使种公猪温顺，听从管教，便于采精和辅助配种。

要注意保护猪的肢蹄，对不良的蹄形进行修蹄，蹄不正常会影响活动和配种。

（五）定期检查精液品质和质量

实行人工授精的公猪，每次采精都要检查精液品质。如果采用本交，每月也要检查1～2次精液品质，特别是后备公猪开始使用前和由非配种期转入配种期之前，都要检查精液2～3次，严防死精公猪配种。种公猪应定期称量体重，可检查其生长发育和体况。根据种公猪的精液品质和体重变化来调整日粮的营养水平和饲料喂量。

（六）防止公猪咬架

公猪好斗，如偶尔相遇就会咬架。公猪咬架时应迅速放出发情母猪将公猪引走，或者用木板将公猪隔离开，也可用水猛冲公猪眼部将其撵走。重点是预防咬架，如不能及时平息，就会造成严重的伤亡事故。

（七）防寒、防暑

种公猪最适宜的温度为 18℃～20℃，冬季猪舍要防寒保温，以减少饲料的消耗和疾病发生。夏季高温时要防暑降温，高温对种公猪的影响尤为严重，轻者食欲下降、性欲降低，重者精液品质下降，甚至会中暑死亡。

四、人工授精技术

（一）种公猪的选择与训练

在选择种公猪时不仅要考虑到公猪的外貌、血统，还要考虑是否适合做人工授精。所选的种公猪首先要符合该品种品系基本特点，且应具备以下几点。

一是血统、系谱清晰，所选猪群中无六代以内近亲，以及与本场猪群无任何血缘关系。

二是腹部平直不下垂，利于爬跨假猪台延长采精时间，减少公猪因腹大造成的不适感觉。

三是选择四肢粗壮有力、无蹄裂后，肢较高、粗壮便于爬跨的公猪。

四是睾丸大小一致、坚实紧凑，公猪性欲强，喜爬跨，无自淫现象，阴茎粗长，包皮紧凑，不可过大或过小。如发现睾丸大小不一样要坚决放弃，包皮太大容易积尿，采精时精液容易受到污染。

五是选种日龄。一般公猪调教时间 7.5 月龄，成功率大于 90%，9 月龄以后成功率则低于 70% 甚至更低，月龄越大公猪的可模仿性越差。所以，应在 7.5 月龄以下引猪为最好。

不可选择已配过种的公猪，以免造成传染性疾病的扩散。

六是种公猪的调教。训练公猪爬跨假台猪可用以下方法：用发情母猪的尿或阴道黏液，最好能取到刚与公猪交配完的发情母猪阴道里的黏液，或从阴门里流出来的公猪精液和胶状物涂在假台猪的后躯上，引诱公猪爬跨。

以上方法对于一般性欲较强的公猪足以解决问题。但有些性欲较弱的公猪，用上述方法不易训练成功，可将发情旺盛的母猪赶到假台猪旁，让被调教的公猪爬跨，待公猪性欲达到高潮时把母猪赶走，再引诱公猪爬跨假台猪，或者直接把公猪由母猪身上抬到假台猪上及时采精。

有极个别公猪用这一方法还不能成功，就可用一头发情小母猪绑在假母猪的后躯下面，引诱公猪爬跨假台猪。当公猪爬上假台猪后应及时采精，一般经过3～5次调教即可成功，调教成功后要连采几天，以巩固建立起的条件反射，待完全以假当真后即可进行正常的采精。调教好的公猪不准再进行本交配种。

调教公猪要耐心，调教室内须保持肃静，注意防止公猪烦躁咬人或与其他猪相互咬架。

（二）种公猪的人工采精及频率

1. 采精准备　采精室要清扫干净，保持清洁无尘，肃静无干扰，地面平坦、不滑。夏季采精宜在早晨进行。冬季寒冷，采精室内温度要保持15℃以上，以防止精液因冷击或多次重复升降温而降低精液质量。

采精时用于收集精液的容器除了专用的集精瓶外，还可用烧杯和广口塑料瓶代替，寒冷季节使用广口保温瓶效果很好。冬季寒冷，集精瓶及过滤纱布要搞好保温，具体方法是：将已灭菌的过滤纱布用已消毒过的手，放入已消毒过的集精瓶（广口保温瓶）内，倒入适量热的5%糖溶液或稀释液，使温度升高至40℃～42℃后，手伸入集精瓶内，用纱布擦拭集精瓶内壁四周，倒掉升温液，迅速拧干并展开纱布，蒙在集精瓶瓶口，并使瓶口中部纱布位置尽量下陷。

假台猪的后躯部和种公猪的阴茎包皮、腹下等处，用 0.1% 高锰酸钾擦拭水溶液擦洗干净，采精员要修短指甲、洗净手、戴上塑料手套，用 75% 酒精棉球彻底涂擦消毒，待酒精挥发后即可采精。

2. 采精操作 当公猪爬上假台猪后，按采精人员的操作习惯，蹲在假台猪右（左）后侧，在公猪抽动几次阴茎挺出后，采精人员迅速以左（右）手握成筒形（手心向下）护住阴茎，并以拇指顶住阴茎前端，防止擦伤。待阴茎在手中充分挺实后，即握住前端螺旋部，松紧以阴茎不致滑脱为度。然后，用左（右）手拇指轻微拨动龟头，其他手指则一紧一松有节奏的协同动作，使公猪有与母猪自然交配的快感，促其射精。公猪开始射出的多为精清，且常混有尿液及脏物，不宜收集，待射出较浓稠的乳白色精液时，立即以右（左）手持集精瓶在稍离开阴茎龟头处将射出的精液收集于集精瓶内。室温过低时，需使阴茎龟头尽量置入集精瓶内。同时，用左（右）手拇指随时拨除公猪排出的胶状物，以免影响精液滤过。公猪射完一次精后，可重复上述手法促使公猪二次射精。一般在一次采精过程中可射精 2～3 次。待公猪射精完毕退下假台猪时，采精员应顺势用左（右）手将阴茎送入包皮中。切忌粗暴推下或抽打公猪，并立即把精液送到处理室。

在采精过程中，要随时注意安全，防止公猪突然倒下踩、压伤采精员。

3. 采精频率 以单位时间内获得最多的有效精子数决定，做到定点、定时、定人。成年公猪每周采精不超过 2～3 次，青年公猪每周 1～2 次。

（三）精液稀释与分装

1. 精液品质检查 精液处理室的温度要保持在 15℃以上。采取的精液连同精液瓶应迅速置于 28℃～30℃的恒温水中，并立即进行检查处理。精液检查评定的主要项目有精液量、色泽、气味、精子活力、精子密度、精子存活时间和精子畸形率。

（1）**精液量、色泽和气味**　集精瓶没有刻度时，可事先以水代替精液，测定不同容积下对应于 0℃～100℃ 水温计的刻度，制成换算表，据此可间接测定每次的采精量。也可用量杯或带有刻度的烧杯测定，但较麻烦。公猪的一次射精量一般为 200～300 毫升（视品种和个体而异）；多者可达 700 毫升以上。

猪的精液正常色泽为乳白色或灰白色，略有腥味。如果精液呈红褐色，可能混有血液，如呈黄、绿色有臭味则可能有尿液或脓汁。这样的精液不能使用，应立即寻找原因，如属种公猪生殖器官炎症引起的，要及时进行治疗。

（2）**精子活力**　精子活力是以直线前进运动的精子占总精子数的比率来确定的。一般采取"10 级制评分法"进行评定。

检查时，先用灭菌的细玻璃棒蘸取原液 1 滴（高粱粒大小），点在清洁的载玻片上，盖上盖玻片，在 400 倍的显微镜下检查。检查时光线不宜太强，显微镜的载物台、载玻片和盖玻片的局部温度应保持在 35℃ 左右。精液处理室温度过低时，显微镜应置于保温箱内。

精子活力的评定在显微镜下靠目力估测。直线前进运动的精子占 100% 则评定为 1 分，占 90% 评为 0.9 分，占 80% 评为 0.8 分，以此类推。

猪精子的活力一般不应低于 0.7。常温精液输精，活力低于 0.5 的不宜使用。

（3）**精子密度**　精子密度是指每毫升精液中含有精子数的多少，通常采用目测法和计算法两种评定方法。

①目测法　根据显微镜视野中精子的稠密程度和间隙大小进行估测。分为密、中、稀 3 级。密级：精子之间空隙很小，容纳不下 1 个精子；中级：精子间有一定空隙，能容纳 1～2 个精子；稀级：精子之间的空隙很大，能容纳 2 个以上精子。

通常认为，猪精液每毫升含精子 3 亿个以上为密级；1 亿～3 亿个为中级；1 亿个以下为稀级。目测法的主观性较大，不够精确，所以最好用计算法来评定精子密度。

②计算方法　采用血细胞计数板计数一定容积稀释精液中的精子数，再换算成精子密度。具体方法：用白血球吸管吸取精液至刻度 0.5 处，再吸取 3% 氯化钠溶液至刻度 101 处，捏住吸管的两端充分振荡后，将吸管前部的滤体吹弃 2～3 滴，然后滴 1 小滴于计算玻板上盖玻片边缘，使其自行渗入计算室内，待液体稳定后，在 400～600 倍的显微镜下计数。观察计数时应数 5 个有代表性的中方格（计 80 个小方格）内的精子数，对头部压在方格四边线上的精子，只能计算两条边上的。每次要做 2～3 遍，求其平均值。最后将精子总数乘以 10 000，得到每立方毫米精液中所含精子数，再将此数乘以 1 000，便得每毫升精液的精子数。

目前，也可用精子密度仪等比较精确的仪器进行测定，具体方法参考仪器说明书。

（4）精子畸形率的检查　精子畸形率指畸形精子占全部精子的比率。其检查方法如下：用清洁的细玻璃棒蘸取 1 滴精液，点在清洁载玻片上，用另一块载玻片的一端与精液轻轻接触，再以 30°～40° 的角度轻微而均匀地向一方推进制成抹片，再对抹片进行染色和镜检，其程序是：涂片→自然干燥→ 96% 酒精浸泡 3～5 分钟固定→漂洗→阴干→美蓝浸泡 3～5 分钟染色→阴干→镜检

把染色、阴干后的精液涂片放在 600 倍的显微镜下检查。计算畸形精子占精子总数的百分率。精子畸形率超过 18% 的精液不能使用。

2. 精液稀释　稀释精液的目的是为了增加精液数量，扩大配种头数，延长精子的存活时间，便于保存和长途运输。

稀释精液时，凡与精液直接接触的器材和容器，都必须经过消毒处理，其温度和精液温度要保持一致。使用前用少量同温稀释液冲洗一遍所用的器材和容器，然后将稀释液沿瓶壁徐徐倒入原精液中，并轻轻摇动盛精液的容器，切勿将原精液往稀释液中倒，以免损伤精子。

精液采集后应尽快稀释，原精贮存不超过20分钟。稀释液与精液要求等温稀释，两者温差不超过1℃，即稀释液应加热至33℃～37℃，以精液温度为标准，来调节稀释液的温度，不能反向操作。稀释时，将稀释液沿集精杯（瓶）壁缓慢加入精液中，然后轻轻摇动或用消毒后的玻璃棒搅拌，使之混合均匀。如做高倍稀释时，应先做低倍稀释1.1～1.2，待30秒钟后再将余下的稀释液沿壁缓慢加入。

稀释倍数的确定：按输精量为80～100毫升，含有效精子数30亿以上确定稀释倍数。稀释后要求静置约5分钟再做精子活力检查，活力在0.6以上进行分装与保存。

3. 精液分装 调好精液分装机，以每80～100毫升为单位，将精液分装至精液瓶或袋。在瓶或袋上应标明公猪品种、耳号、生产日期、保存有效期、稀释液名称和生产单位等。

（四）精液保存

1. 鲜精液保存技术 为了取用方便，最好把稀释精液分装在80～100毫升（一个输精量）的瓶内或袋内保存。要装满瓶或袋，瓶或袋内不留空气，口要封严。保存的适宜温度为15℃～18℃。精液分装后置于25℃下1～2小时后，放入17℃恒温箱贮存，也可将精液瓶或袋用毛巾包严直接放入17℃恒温箱内。短效稀释液可保存3天，中效稀释液可保存4～6天，长效稀释液可保存7～9天，无论何种稀释液保存精液，都应尽快用完。每隔12小时轻轻翻动1次，防止精子沉淀而引起死亡。

2. 精液冷冻技术 猪精液冷冻技术是指用干冰（-79℃）、液氮（-196℃）、液氦（-269℃）等作为冷源，将精液进行特殊处理后降温冷冻，然后投入超低温的冷源中，使精子细胞的代谢完全停止，升温解冻后又恢复活性，达到长期保存的目的。精子细胞的冷冻保存实际上是一个脱水的过程，当精子处于高渗的环境中时，细胞内水分透过细胞膜渗到细胞外，如果脱水的时间足够长，大量水分由细胞内流向细胞外，渗透性保护剂由细胞外进入细胞内，从而维持渗透压的平衡，因此细胞内不形成或形成很少的冰晶。在冷冻过程中，细胞会受到两方面的损伤：冰晶化导致的化学损伤和冷冻导致的物理损伤，损伤的程度最终由降温的速率和冷冻的最终温度决定。冷冻过程中，细胞内形成冰晶是不可避免的，关键是所形成的冰晶的大小和数量，只要不形成对精子细胞造成物理性损伤的大冰晶，而是维持在微晶状态，细胞就不会受到损伤。

操作步骤：用手握法采集中段精液，37℃恒温带回实验室，并立即进行常规品质检查。选择无异味、色泽为乳白色、精子形态正常、活力在 0.8 以上、密度为"密"的精液用于试验。现在细管冷冻多采用 Westendorf 等冷冻精液的处理过程，这个过程经 Bwanga 等修改，现已基本成为通用标准：①将精液在室温（22℃）下静置 1 小时，使精子与精清充分接触，然后分装于 100 毫升离心管中，并用等温的稀释液在室温下将精液 1∶1 稀释，稀释后的精液继续在室温下平衡；② 1 小时后将精液移入 15℃环境中，使其在 1 小时内降温至 15℃；③平衡 3 小时后，在 15℃离心；④离心后弃掉上部 4/5 的精清，加入无甘油的冷冻液后放入冰箱，使其温度缓慢降到 5℃，平衡 2 小时后加入含甘油的冷冻保护液，然后分装冷冻，投入冷源。冷冻速率在不同的研究中不相同，不同的包装剂型需要的最佳冷冻速率也不相同，这些还有待进一步研究。使用时从冷源中取出冷冻精液水浴解冻，解冻后在 37℃下检查精液的品质，品质优良的精液可以用来输精。

3. 精液运输　将上述分装好的稀释精液瓶用毛巾、棉纱布或泡沫塑料等物包好，以免精液在运输中振荡造成精子受伤。外界温度在 10℃以下或 20℃以上时，要使用广口保温瓶或保温箱运输，把精液瓶放入盛有 15℃～ 18℃水的保温容器内，以防止精液温度的突然升高或下降。精液的运输时间要尽可能缩短，长途运输最好用摩托车、汽车或火车等，最长的运输时间不宜超过 48 小时，即通常的精液有效保存时间。

4. 输精及适宜输精次数 输精是人工授精的最后 1 个重要环节，要做好母猪适宜输精时机的判定，输精前准备和输精操作。

（1）**输精准备** 输精员洗净手，把蒸煮消毒过的输精器材（30～50 毫升的玻璃注射器和输精胶管）用少量稀释液冲洗 1 遍；把精液升温到 35℃～38℃；用升至相同温度的注射器吸取 1 头份精液，如果在低温季节进行室外输精，在注射器和输精管外用 35℃～38℃的湿毛巾包裹。

（2）**输精操作** 输精员用 0.1% 高锰酸钾溶液洗净母猪外阴并抹干，用一只手打开阴门，另一只手将输精管送入阴道。注意输精管的前 20 厘米不要被污染。先向斜上方推进 10 厘米左右，再向水平方向插进，边插边捻转，边抽送边推进，待插入 30～40 厘米（视母猪大小），感到不能再推进时，便可缓慢地注入精液。插入输精管后接上输精瓶，可以微加力将精液压入母猪体内。输精时，如果发现精液送入遇到阻力或者精液倒流严重，可以适当改变输精管的插入深浅或位置；也可以在输精瓶上插个小孔，让精液自动流入，部分母猪甚至不需打小孔，利用母猪子宫内的负压就可以将精液吸入。完成输精后，拍打母猪几下，让母猪收缩身体，减少精液倒流出体外。如果发现精液逆流，可暂停一下，活动输精管，再继续注入精液，直至输完，再慢慢地抽出输精胶管。要避免将输精管错送入膀胱。如果错插入膀胱会有尿液排出，应换管再插入。

输精时经常会有少部分精液倒流。只要输精后 20 分钟内倒流的精液量少于输精量的 50%，就可以视该次输精为成功，也就是说，要确保输入母猪体内的精液量不低于 30 毫升。为了避免或减少输精后精液逆流，在输精过程中可按压母猪腰部，也可在输精结束时突然拉一下母猪的尾巴，或猛拍一下臀部。如果逆流严重，应立即重新输精。输精后的母猪不能急赶，应让其缓缓行走，最好送单圈休息。

为了保证受胎率，一个情期应输精 2 次，间隔 18～24 小时。配后 15～27 天注意母猪是否返情，如发现返情要及时再次输精。

（3）**人工授精的技术指标**　一般来说，纯种母猪的情期受胎率达到 80% 以上，杂交母猪情期受胎率达到 85% 以上，可以认为该场的人工授精水平基本合格。采用人工授精技术，公猪与母猪的比例一般为 1∶50～100，如果公猪的精液质量很好，则可以达到 1∶200 左右。

（五）种公猪淘汰与更新

在自然交配条件下，一般公母猪比例不应超过 1∶20，即 100 头基本母猪需公猪为 5 头。年更新率为 50%，则实际头数为 2.5 头，即年更新 2～3 头。

公猪群的淘汰原则：一般以利用年限为准进行淘汰，公猪年淘汰率 40%～50%。但对体躯笨重、精液品质差、配种成绩不理想、性情凶暴的公猪也应及时淘汰。淘汰后的缺位，应随时用理想的后备猪补上。

第三章
后备母猪的选择及培育技术

一、后备猪生长发育特点

猪的生产，可分为仔猪的生产和肉猪生产两部分，而仔猪生产又是肉猪生产的基础。仔猪生产的最终目的在于提高每头母猪年提供的断奶仔猪和体重，即提高母猪的年生产力水平。

仔猪保育阶段结束至初次配种前是后备猪的培育阶段。养猪生产中，为使繁殖群持续地保持较高的生产水平，每年都要淘汰部分年老体弱、繁殖性能低下以及有其他功能障碍的种猪，这就需要补充后备种猪，从而保证繁殖猪群的规模并形成以青壮龄为主体的结构比例。因此，后备猪的选择和培育是提高猪群生产水平的重要环节。

猪的生长发育是一个很复杂的过程，有一定的规律。猪从胚胎到成年，其骨骼、肌肉、脂肪和各种器官都在不断增长，体重不断增加，体积不断增大，体躯向长、宽、高发展，这种量的变化称为生长。发育是指体组织、器官和功能不断成熟和完善，使组织器官发生了质的变化，这就是发育。生长和发育是相互统一的。后备猪和商品猪不同，商品猪生长期短，5～6月龄、体重达100千克以上即屠宰上市，追求的是快速的生长和发达的肌肉组织。而后备猪培育的是优良种猪，不仅生存期长（3～5岁），而且还担负着周期性很强的、几乎没有间歇的繁殖任务。为此，要根据猪的生长发育规律，在其生长发育的不同阶段，控制饲料类型、营养水平和饲喂量，改变其生长曲线和形式，加速或抑制猪体某些部位和器官组织的生长发育。使后备猪具有发育良好、健壮的体格，发达且功能完善的消化、血液循环和生殖器官，结实的骨骼、适度的肌肉组织和脂肪组织。过高的日增重、过度发达的肌肉和大量的脂肪都会影响繁殖性能。

（一）体重增长

体重是身体各部位及组织生长的综合度量指标。体重的增长因品种类型而异。在正常饲养管理条件下，猪体重的绝对增长随年龄的增加而增大，呈现慢—快—慢的趋势，而相对增长速度则随年龄增长而下降，到成年时稳定在一定的水平，老龄时多会出现肥胖的个体。

（二）猪体组织的生长

猪体的骨骼、肌肉、脂肪生长顺序和强度也是不平衡的，是随着年龄的增长，循序有先后，强度有大小，呈现出一定的规律性，在不同的时期和不同的阶段各有侧重。从骨骼、肌肉、脂肪的发育过程来看，骨骼最先发育最先停止，肌肉居中，脂肪前期沉积很少，后期加快，直至成年。在这一规律性中三种组织发育高峰期出现的时间及发育持续期的长短与品种类型和营养水平有关。在正常的饲养管理条件下，早熟易肥的品种生长发育期较短，特别是脂肪沉积高峰期出现的较早，而大型瘦肉型猪品种生长发育期较长，大量沉积脂肪期出现较晚，肌肉生长强度大且持续时间长。在瘦肉型猪生长发育过程中，肌肉所占的比例较大；脂肪所占比例前期很低，6月龄开始增加，8～9月龄开始大幅度增加；骨骼从出生到4月龄相对生长速度最快，以后较稳定。因此，为保持后备猪良好的生长发育，应注意饲料中蛋白质和钙、磷的水平。

二、后备母猪的选择

母猪不仅对后代仔猪有一半的遗传影响，而且对后代仔猪胚胎期和哺乳期的生长发育有重要影响，还影响后代仔猪的生产成本（在其他性能相同的情况下，产仔数高的母猪所产仔猪的相对生产成本低）。

（一）后备母猪的选择要点

1. 生长发育快　应选择本身和同胞生长速度快、饲料利用率高的个体。在后备猪限饲前（如2月龄、4月龄）选择时，既利用本身成绩，也利用同胞成绩；限饲后主要利用肥育测定的同胞的成绩。

2. 体型外貌好　后备母猪体质健壮，无遗传疾病，应当审查确定其祖先或同胞也无遗传疾病。体型外貌具有相应品种的典型特征，如毛色、头型、耳型、体型等，特别应强调的是应有足够的乳头数，且乳头排列整齐，无瞎乳头和副乳头。

3. 繁殖性能高　繁殖性能是后备母猪非常重要的性状，后备母猪应选自产仔数多、哺育率高、断奶体重大的高产母猪的后代。同时应具有良好的外生殖器官，如阴门发育较好，配种前有正常的发情周期，而且发情征候明显。

（二）后备猪选择阶段

后备母猪的选择大多都是分阶段进行的。

1. 断奶阶段选择　第一次挑选（初选），可在仔猪断奶时进行。挑选的标准为：仔猪必须来自母猪产仔数较高的窝中，符合本品种的外形标准，生长发育好，体重较大，皮毛光亮，背部宽长，四肢结实有力，乳头数在7对以上，没有明显遗传缺陷。

从大窝中选留后备猪，主要是根据母亲的产仔数，断奶时应尽量多留。一般来说，初选数量为最终预定留种母猪数量的5～10倍以上，以便后面能有较高的选留机会，使选择强度加大，有利于取得较理想的选择进展。

2. 保育结束阶段选择 保育猪要经过断奶、饲养环境改变、换料等几关的考验，保育结束时一般仔猪达 70 日龄，断奶初选的仔猪经过保育阶段后，有的适应力不强，生长发育受阻，有的遗传缺陷逐步表现。因此，在保育结束拟进行第二次选择时，应将体格健壮、体重较大、没有瞎乳头、生长发育良好的初选仔猪转入下阶段测定。

3. 测定结束阶段选择 性能测定一般在 5～6 月龄结束，这时个体的重要生产性状（除繁殖性能外）都已基本表现出来。因此，这一阶段是选择后备母猪的关键时期，应作为主选阶段。应该做到：凡体质衰弱、肢蹄存在明显疾患、有内翻乳头、体型有严重损征、外阴部特别小、同窝出现遗传缺陷者，可先行淘汰。要对猪的乳头缺陷和肢蹄结实度进行普查。其余个体均应按照生长速度和活体背膘厚等生产性状构成的综合育种值指数进行选留或淘汰。必须严格按综合育种值指数的高低进行个体选择，该阶段的选留数量可比最终留种数量多 15%～20%。

4. 母猪配种和繁殖阶段选择 后备母猪经过上面 3 个阶段的选择后，对其祖先、生长发育和外形等方面已有了较全面的评定。所以，该时期的主要依据是个体本身的繁殖性能。对下列情况的母猪可考虑淘汰：①至 7 月龄后毫无发情征候者；②在一个发情期内连续配种 3 次未受胎者；③断奶后 2～3 月龄无发情征候者；④母性太差者；⑤产仔数过少者。对性欲低、精液品质差、所配母猪产仔均较少的公猪予以淘汰。

三、影响后备母猪第一次发情的因素和对策

尽管母猪的发情期受遗传因素的影响，但研究表明，仍有许多其他因素影响初情期的到来，其中包括：母猪的品种、猪舍环境、

光照制度以及应激程度（混群和重组）。因此，大多数养猪生产者可以采取适当措施使整个母猪群的平均初次发情年龄提前。

诱导母猪发情的最有效的刺激是接触公猪，仅仅隔着畜栏接触是不够的，因为这种接触必须是公猪和母猪身体间直接充分的接触，最好的方法是将母猪赶入公猪栏中，而不是将公猪赶到母猪栏中，这可能是因为公猪栏中的性气味更强烈，可以给母猪更强烈的刺激。为了诱导母猪发情，至少连续10天将母猪赶入公猪栏中，每天至少停留20～30分钟。

经过适宜的刺激，后备母猪的初情期与未诱导发情的母猪相比可以提早30～40天。开始诱导发情时母猪的日龄应不小于140天，体重不低于70千克。对现代基因型的猪来说，年龄比体重更可能限制性成熟。所以，在一般条件下，母猪在90千克以前不可能达到性成熟。

一旦诱导发情成功，第一次发情最好不要配种，因为实践证明初次发情配种会降低产仔数。而在第二、第三个发情期配种，每窝可多产1.22头仔猪。假如经诱导，后备母猪在150日龄达到性成熟，日增重达800克，到第三个发情期（192日龄），母猪应该达到理想的配种体重115～125千克，配种时背膘厚应为17～20毫米。

四、后备母猪饲养管理技术

（一）合理配制饲粮

按后备母猪不同的生长发育阶段合理地配制饲粮。应注意饲粮中能量浓度和蛋白质水平，特别是矿物质元素、维生素的补充。否则，容易导致后备猪的过瘦或过肥，使骨骼发育不充分。

（二）合理的饲养

后备母猪的体况是影响其繁殖性能的重要因素，既要使其正常生长发育，又要保持适宜的体况和正常的生殖功能。发育良好的后备母猪 8 月龄体重可达成年的 50% 左右，因此适宜的营养水平是后备母猪正常发育的保证，营养水平过高或过低对后备母猪的种用价值都会造成不良影响，可根据其膘情、日龄，喂给适当的高质量母猪全价料，直至配种。

后备母猪需采取前高后低的营养水平，后备母猪在 60 千克前应让其充分发育，60 千克后到配种前半个月要适当限制饲养以防其过肥，每天喂料约 2 千克，日喂 2 次。后期的限制饲喂极为关键，通过适当的限制饲养既可保证后备母猪良好的生长发育，又可控制体重的高速增长，防止过度肥胖，但应在配种前 2 周结束限量饲喂，以提高排卵数。后期限制饲养的较好办法是增喂优质的青粗饲料。

（三）后备猪的管理要点

1. 合理分群　后备母猪一般为群养，每栏 4～6 头，饲养密度适当。小群饲养有 2 种方式，一是小群合槽饲喂，这种方法的优点是操作方便，缺点是易造成强压弱食，特别是后期限饲阶段。二是单槽饲喂，小群趴卧或运动，这种方法的优点是采食均匀、生长发育整齐，但需一定的设备。

2. 适当运动　为强健体质，促使猪体发育匀称，特别是增强四肢的灵活性和坚实性，应安排后备猪适当运动。运动可在运动场内自由运动，也可放牧运动。

3. 调教　为方便繁殖母猪饲养管理，后备猪培育时就应进行调教。一要严禁粗暴对待猪只，建立人与猪的和睦关系，从而有利于以后的配种、接产、产后护理等管理工作。二要训练猪养成良好的生活规律，如定时饲喂、定点排泄等。后备公猪达到配种年龄和体重后应开始进行配种调教或采精训练。配种调教宜在早、晚凉爽时间、空腹进行。调教时，应尽量使用体重、大小相近的母猪。调教训练应有耐心。新购入的后备公猪应在购入半个月以后再进行调教，以便适应新的环境。

4. 定期称重　既可作为后备猪选择的依据，又可根据体重适时调整饲粮营养水平和饲喂量，从而达到控制后备猪生长发育的目的。

5. 后备猪的免疫接种　按猪日龄分批次做好免疫工作。在配种前1~2月应接种2次伪狂犬、乙脑、细小病毒、猪瘟等疫苗，2次间隔约20天。另外，根据具体情况加强接种猪繁殖与呼吸综合征、链球菌病、支原体病、传染性胸膜肺炎、猪肺疫等疫苗；净化猪体内细菌性病原。应用广谱、高效、安全的预防性抗生素，在配种前2个月用药，每个月连续1周用药，直至配种；驱除体内外寄生虫。引进的后备猪应在第二周开始驱虫，配种前1个月再驱虫1次。所选的添加药物应为广谱驱虫药，注意在用药期间要同时用1%~3%敌百虫溶液对圈舍喷洒，能使驱虫效果更好。

6. 购入后备猪的管理　最好选购4月龄、体重60千克左右的猪，此时后备猪体型发育基本定型，有利于进行体型外貌选择和生长发育及健康状况评定；如此，也使后备猪在初配前有足够时间进行隔离观察、暴露驯化及免疫接种等工作。引种时应注意以下几点：①引种前必须对欲引种场的疫病情况进行全面了解。②种猪引入后要进行隔离，隔离猪舍距离原有猪群至少100米，观察45天。种猪引入后最初2周禁止与原有猪接触。在隔离适应期的第四周可与原有猪接触，引进种猪与原场的猪数量之比为10:1。③如引入种猪的PRRS血清学检查为阴性，在适应期应尽早让其与原猪场病毒携带者接触，这样做比接种免疫更有效。④种猪引进最佳免疫时间是在到达本场后的2~3周。

第四章

母猪的发情与配种技术

一、母猪的生殖生理

（一）母猪的生殖器官

母猪的生殖器官包括：①卵巢；②生殖道，包括输卵管、子宫、阴道，也称为内生殖器；③外生殖器，是母猪的交配器官，包括尿生殖前庭、阴唇和阴蒂；④副性腺，主要指位于母猪子宫颈以及阴道的一些腺体在某种特定生理条件下，如发情、分娩时分泌黏液，润滑生殖道。

（二）卵巢、卵母细胞及卵泡的形成

母猪的卵巢形态、体积及位置因年龄、胎次不同而有很大的变化。断奶仔猪的卵巢呈长圆形的小扁豆状，而接近初情期时卵巢可达2厘米×1.5厘米，且表面出现很多小卵泡，很像桑葚。初情期开始后，在发情期的不同时期卵巢上出现卵泡、红体或黄体，突出于卵巢表面。随着胎次的增加，卵巢由岬部逐渐向前方移动。

1. 卵巢的形成　卵巢的形成首先决定于猪的遗传性别。哺乳动物雌性性染色体组为XX，而雄性为XY。来自母亲的卵子只携带1个X染色体，而来自父亲的精子则可能携带X或Y性染色体。因此，胚胎的遗传性别决定于受精时精子所携带的性染色体搭配类型。当

携带 X 染色体的精子与携带 X 染色体的卵子受精时，则后代的性染色体组为 XX，为雌性；反之，则为雄性。一般认为，雄性产生 X 和 Y 精子的数量是相等的，并且具有相同的受精机会，这就保证了其后代雄性与雌性的比例基本相等。

2. 卵母细胞的形成 卵原或性原细胞在胚胎性分化完成之后，即卵巢形成之后就以有丝分裂的方式成倍增长，这种增长一直要延续到母猪妊娠的中后期才停止。在卵原细胞不断增殖后的短时间内，一部分卵原细胞开始进入减数分裂，并开始形成初级卵母细胞。同时，这些初级卵母细胞被单层扁平卵泡细胞所包裹，形成原始卵泡。这些初级卵母细胞有些停止发育，有些则继续发育，大部分将退化、闭锁。这种卵原细胞的增殖与卵母细胞的退化闭锁相重叠直到卵原细胞的增殖停止才结束。这时卵原细胞的数量不再增加，此时胎儿卵巢上卵原细胞的数量最多。此后，随着卵泡的退化和闭锁，当然也有少数排卵，卵巢上卵母细胞的绝对数量只能减少，不会增加。由此可见，母猪出生时卵巢上已经储备了成千上万个卵母细胞，而其中仅有很小的一部分可以最终排卵，足见母猪繁殖的巨大潜力。

3. 卵泡的形成 卵原细胞的增殖以及卵母细胞形成之后，卵母细胞必须由卵泡细胞包裹才具有生长、成熟及排卵的能力。一个卵泡从原始卵泡发育到成熟卵泡的过程，不仅有卵泡细胞形态学上的变化（如扁平→高柱以及单层→多层，卵泡腔及体积的增大），更重要的还包含卵母细胞质和核的成熟过程。卵泡细胞对卵母细胞提供支持和营养的作用，同时分泌雌激素促进生殖管道及乳腺生长、第二性征的形成，还影响着母猪的性行为。

值得注意的是，尽管猪是多胎动物但就其卵泡发育过程而言，能够完成卵泡发育并排卵的卵泡是很少的，大多数卵泡发生了退化和闭锁，而不能最终排卵。

（三）母猪的初情期及适配年龄

1. 母猪的初情期 母猪的初情期是指正常的青年母猪达到第一

次发情排卵时的月龄。这个时期的最大特点是母猪下丘脑—垂体—性腺轴的正、负反馈机制基本建立。在接近初情期时，母猪卵泡生长加剧，卵泡内膜细胞合成并分泌较多的雌激素，使母猪表现出发情行为。母猪的初情期一般为5～8月龄，平均为7个月龄，但我国的一些地方品种可以早到3月龄。

母猪达初情期已经初步具备了繁殖力，但由于下丘脑—垂体—性腺轴的反馈系统不够稳定，表现为初情期后的几个发情周期往往较长。同时，母猪身体发育还未成熟，体重为成熟体重的60%～70%，如果此时配种，可能会导致母体负担加重，不仅窝产仔少、初生重低，而且会影响到母猪日后的繁殖能力，因此此时不应配种。

影响母猪初情期到来的因素主要有遗传因素和管理方式。遗传因素主要表现在品种上，一般体型较小品种比体型较大品种到达初情期的年龄早；近交推迟初情期，而杂交则提早初情期。如果一群母猪在接近初情期与一头性成熟的公猪接触，则可以使初情期提前。此外，营养状况、舍饲、畜群大小和季节都对初情期有影响，一般春季和夏季比秋季或冬季母猪初情期来得早。我国的地方品种初情期普遍早于引进品种，因此在管理上要有所区别。

2. 母猪的适配年龄　为了在保证不影响母猪正常身体发育的前提下，获得初配后较高的妊娠率及产仔数，必须选择好初次配种的时间，我们把生产实际中的最佳配种时间称为适配年龄。由于受到品种、管理方式等诸多因素影响，初情期有较大的差异。一般以初情期后隔1～2个情期配种为宜，即初情期后1.5～2个月时的年龄称为适配年龄。如果配种过晚，尽管有利于提高窝产仔数，但由于母猪空怀时间长，在经济上是不划算的。

（四）发情鉴定与适时配种

1. 发情鉴定　发情鉴定是为了预测母猪排卵的时间，并根据排卵时间确定输精或者交配的时间。由于母猪发情行为十分明显，一般采用直接观察法，即根据阴门及阴道的红肿程度、对公猪的反应等。一般地方品种或杂种母猪发情表现比选育品种更加明显。在规模化养猪场常采用有经验的试情公猪进行试情，如果发现母猪呆立不动，可对该母猪的阴门进行检查，并根据"压背反射"的情况确定其是否真正发情。外激素法是近年来发达国家养猪场用来进行母猪发情鉴定的一种新方法。采用人工合成的公猪性外激素，直接喷洒在被测母猪鼻子上，如果母猪出现呆立、压背反射等发情特征，则确定为发情。这种方法简单，避免了驱赶试情公猪的麻烦，特别适用于规模化养猪场。此外，还可以采用播放公猪叫的录音，观察母猪的反应等。在工业化程度较高的国家广泛采用了计算机控制繁殖管理，对每天可能出现发情的母猪重点观察，大大降低了管理人员的劳动强度，同时也提高了发情鉴定的准确程度。

2. 排卵时间　由于母猪是多胎动物，在一次发情中多次连续排卵，因此排卵最多出现在母猪开始接受公猪交配后30～36小时。如果从开始发情（即外阴红肿）算起，应在发情38～40小时。母猪的排卵数与品种有着密切的关系，一般在10～25枚。我国的太湖猪是世界著名的多胎品种，平均窝产仔为15头，如果按排卵成活率60%计算，则每次发情排卵在25枚以上，而一般引进品种的窝产仔在9～12头。排卵数不仅与品种有关，还受胎次、营养状况、环境因素及产后哺乳时间长短等影响。据报道，从初情期起，头7个情期，每个情期可以提高1个排卵数，而营养状况好则有利于增加排卵数；产后哺乳期适当且产后第一次配种时间长，也有利于增加排卵数。

3. 适时配种　母猪排卵集中时间因胎次而不同。青年母猪发情持续时间长。研究表明，排卵特点是在发情后期；中年母猪，如2～5胎经产母猪繁殖力最强，排卵在发情中期阶段；6胎以上的老龄母猪（地方猪多使用到10胎以上），往往是发情紧接着排卵。根据此特点，生产中就总结出了"小配晚、老配早、不老不小配中间"的实践经验。

二、母猪的发情和排卵规律

（一）母猪的周期性发情

青年母猪性成熟后，每隔固定的时间，卵巢中重复出现卵泡成熟和排卵过程，并出现发情行为，如不配种这种现象将呈周期性重复出现，称为发情周期。母猪的正常发情周期为 21～22 天，平均为 21.5 天。发情周期一般分为 4 个阶段，即发情前期、发情期、发情后期和间情期。

1. 发情前期 从母猪外阴部的阴唇和阴蒂充血肿胀到母猪接受公猪爬跨交配或压背站立不动时为止。此阶段卵巢上有卵泡缓慢地发育。

2. 发情期 此期为发情的最旺盛时期，故也称发情旺期，是从母猪接受公猪爬跨交配或压背站立不动到拒绝交配为止的一段时间。在此阶段母猪外阴部充血肿胀明显，阴唇鲜红，生殖道有大量黏液外流，性欲表现强烈。多数母猪表现厌食、鸣叫。此时用手压背，表现四肢叉开，站立不动。

3. 发情后期 从母猪拒绝交配到发情征候完全消失为止，母猪精神由兴奋转为安静。此时子宫颈开始收缩，腺体分泌减少，黏液量少而黏稠。卵巢上卵泡破裂排出卵子，开始形成黄体。

4. 间情期 从发情征候消失到下次发情征状重新出现为止的一段时间，也称休情期。此时母猪卵巢在黄体控制之下，精神表现安静，食欲正常，生殖腺体变小，阴道分泌减少。

（二）母猪的排卵规律

母猪为自发性排卵动物，且由于母猪是多胎动物，在一次发情中多次连续排卵，排卵高峰出现在母猪开始接受公猪交配后的 30～36 小时。如果从开始发情（即外阴红肿）算起，应在发情 38～40 小时。发情周期表现正常的青年母猪，从出现促黄体生成素（LH）排卵峰到排卵为 40 小时，LH 排卵峰出现在发情开始时。排出的卵子数量在个体之间有很大差别，通常为 10～24 枚。影响因素主要有年龄、品种、胎次和营养状态等。黄体在排卵后 6～8 天比较坚硬。青年母猪初次发情时，排卵率比以后发情的排卵率要低，第二次发情时排卵数量明显增多。

　　排卵的持续时间是指排出所有卵母细胞的时间，一般为 1～6 小时，但在发情前期及发情期受到公猪刺激时排卵时间缩短。交配过的猪排卵比未交配的猪早数小时，这可能是由于精清中存在的雌激素及尚未鉴定出的多肽所引起。荷兰的研究表明，采用实时超声技术监测排卵过程，发现排卵时间差别为 3 小时，对猪胚胎的不均一没有明显影响。进行人工授精前通过发情鉴定，准确预测母猪的排卵时间，可有效提高受胎率，在养猪生产实践中具有重要意义。

三、发情鉴定

　　配种的时机和方法直接影响母猪的受胎率和产仔数。新生仔猪是从卵子受精发育而来，因此应根据母猪的发情排卵规律掌握适宜的配种时间，采用正确的配种技术和方法，才有可能提高母猪的受胎率和产仔数。

（一）后备母猪的发情特点

　　后备母猪发情时外观明显，阴门红肿程度明显强于经产母猪。

　　后备母猪发情后排卵时间较经产猪晚，一般要晚 8～12 小时，所以发情后不能马上配种，可以在出现静立反射后 8～12 小时配种。

　　后备母猪发情持续时间长，有时可连续 3～4，为确保配种效果，建议配种次数多于经产母猪。

（二）母猪发情配种应具备的特征

1. 阴门变化　　发情母猪阴门肿胀，过程可简化为"水铃铛、红桃、桑葚"。颜色变化为从白粉变粉红，到深红，到紫红色。状态由肿胀，微缩，到皱缩。

2. 阴门内液体 发情后，母猪阴门内常流出一些黏性液体。初期似尿，清亮；盛期颜色加深为乳样浅白色，有一定浓度；后期为较稠略带黄色，似小孩儿鼻涕样。

3. 外观 活动频繁，特别是其他猪睡觉时该猪仍站立走动，不安定，喜欢接近人。发情母猪对公猪敏感，公猪路过或接近、叫声、气味都会引起母猪的反应，母猪会出现眼发呆、尾翘起、颤抖，头向前倾，颈伸直，耳竖起（直耳品种），推之不动，喜欢接近公猪；性欲高时会主动爬跨其他母猪或公猪，引起其他猪惊叫。

（三）观察发情的三个最佳时机

1. 吃料时 这时母猪头向料槽，尾向后，排列整齐。如人在后边边走边看，很快就可把所有猪查完，并做出准确判断。

2. 睡觉时 猪吃完料开始睡觉，这时不发情的猪很安定，躺卧姿势舒适，对人、猪反应迟钝；发情猪在有异常声音、人或猪走近时会站起活动，或干脆不睡、经常活动。据此，可以很方便地从群中找出发情猪。

3. 配种时 配种时公猪会发出很多种求偶信号，如声音、气味等，待配母猪也会发出响应或拒绝信号，这时其他圈舍的发情母猪会出现敏感反应，甚至爬跨其他母猪，很容易区别于其他猪。

如果能把握好上面 3 个时机，一般能准确判断出母猪是否发情或发情程度。

四、母猪适时配种

母猪发情阶段是否适宜配种可依据以下三条中的任何一条来判断。

1. 阴门变化 繁殖工作者总结了配种谚语："粉红早，黑紫迟，老红最当时"，这是把握配种时机的依据。我们掌握的尺度为，颜色粉红、水肿时尚早，紫红色、皱缩特别明显时已过时；最佳配种时机为深红色水肿稍消退，有稍微皱褶时。

2. 阴门黏液　掰开母猪阴门，用手蘸取黏液，无黏度为太早；如有黏度且为浅白色可即时配种；如黏液变为黄白色、黏稠时，已过了最佳配种时机，这时多数母猪会拒绝配种。

3. 静立反射　静立反射表示母猪接受公猪的程度，这时按压母猪的几个敏感部位，母猪会有静立不动现象（与接受配种时状态相同）。许多人会有误解，认为在任何时候只要母猪发情适宜都会出现静立反射。其实母猪的静立反射对于有无公猪在场或是否受到公猪挑逗情况是不一样的，不管有无公猪刺激机械地以静立反射判定发情时期，往往会漏过部分适期母猪的配种。

综上所述，母猪只要出现上述中的任意一种表现，就要用公猪去试情，特别是隐性发情的母猪只能凭公猪接触，才能确定配种与否，在生产中应切记。

五、提高母猪受胎率技术

母猪受胎率是指配种后妊娠的母猪占参加配种的母猪数的百分比。

提高母猪的受胎率，最大限度地发挥其繁殖潜力，不仅是搞好猪场管理的关键，还可以增加母猪的年产仔头数和年出栏商品猪头数，从而提高养猪场的经济效益。

（一）影响母猪受胎率的主要因素

1. 配种时间　母猪一般在发情24小时后开始持续排卵，排卵量由少到多，逐渐达到高峰，然后又逐渐减少，这是由母猪发情时体内分泌的激素变化决定的。卵子排出后，在输卵管上端能保持8～10小时的受精能力。此外，在交配后精子要经2～3小时游动才能到达输卵管，与卵子结合。所以，过早或过迟配种都会影响母猪受胎率。

2. 饲养管理 饲养不当可引起母猪内分泌失调，母猪过肥或过瘦，导致发情表现不明显，即使发情后输精，也容易返情，由此影响母猪受胎率。母猪过肥，大量脂肪压迫输卵管，造成卵子排出受阻，精子前行受阻，使卵子、精子失去有效结合时间，影响受胎率。母猪过瘦，引起排卵量少，并使卵子活力降低，降低受胎率。另外，如果母猪日粮营养不均衡，容易造成胚胎早期死亡，导致母猪返情率升高或产仔数减少。

3. 疾病 细小病毒病、乙型脑炎、蓝耳病、猪伪狂犬病、猪瘟等传染病均会对母猪发情和排卵造成严重影响，输精后很容易返情，即使受胎，也容易造成胚胎早期死亡而导致母猪产仔数减少；母猪患有可见性或隐性子宫炎，输精后不易受胎。如果母猪自身发生某些疾病时，人工授精的效果较差。

4. 配种方法 配种方法有本交和人工授精两种。采用不同的配种方法和配种方式都会影响母猪受胎率。

5. 精液品质 公猪精液品质的好坏，直接影响母猪的受胎率。

6. 配种后管理 配种后 2～3 小时不宜喂水喂料和剧烈运动，以免造成精液外流，造成精子数量不够，影响受胎率。

另外，猪舍环境、季节、卫生防疫等都会对母猪受胎率造成影响。

（二）提高母猪受胎率的关键技术措施

1. 保障精液品质 公猪精液品质好，母猪受胎率就高，因此加强公猪的饲养管理尤为重要。应选择初生体重大、生长速度快、发育好、无遗传缺陷的优秀公猪。同时，满足种公猪的营养需要，在配种期间每天采食全价干饲料 1.7～2.8 千克，使其保持中等膘情；每天让公猪自由运动 1 小时，增强其体质；经常用刷子刷拭猪体、削剪蹄壳，保持猪体清洁卫生；注意采光，每天让公猪接受 10 小时光照，以满足其生产精子和保持性欲的需要；调节舍内温度，以保证公猪在 18℃～22℃条件下生活；单圈饲养，防止公猪咬架致伤；适度使用，一般情况下，成年公猪配种频率为每天 1 次，小公猪每周 2 次；搞好卫生消毒和科学预防工作，树立"防重于治""消毒胜过投药""消毒可以减少投药""投药代替不了消毒"的观念，坚决及时淘汰老、弱、病、残公猪，同时补充优秀公猪。

采精后应立即对精液品质进行检查，精液量一般在 200～300 毫升；外观乳白色、略带腥味，无脓性分泌物、皮毛、杂质等异物；精子密度要求 ≥ 1 亿 / 毫升；精子活力要求原精液 ≥ 70%，常温精液 ≥ 60%，精子畸形率 ≤ 20%。精液检查合格后，应在最短的时间内（30 分钟）进行稀释。先进行 1 倍稀释，3～5 分钟后再稀释至最终浓度，每次稀释后，用玻璃棒轻轻搅动，不要过快，使其混合均匀。稀释完毕后，进行分装，一般每瓶（袋）80～100 毫升。置于 17℃恒温箱内保存。

2. 加强母猪饲养管理　根据母猪的生理特点搞好管理，是提高母猪受胎率的关键所在。母猪的圈舍应设在向阳、地面平缓的地方，应采取各种措施使母猪在不同季节都能保持饲养环境舒适，同时应保持圈舍的清洁、干燥。夏季最好增添湿帘、冷风机等控温设备，在高温季节如果降温设施落后，会使母猪排卵数受到很大影响。

配种前应根据母猪各个生长阶段的营养需要及母猪体况适当调节日粮配方，使母猪不能过肥或过瘦，保持参加配种母猪达到配种体况，不胖不瘦七八成膘，这样母猪能够正常发情、正常排卵、正常受胎，保持母猪正常的受胎率。对配种期的母猪要尽可能地做到营养全面，以保证生理需要及排卵受精的需要。对体况瘦弱母猪，可采取"短期优饲"，即在配种前 11～14 天，在母猪维持需要的基础上提高 50%～100%，并适当补喂优质青饲料，恢复体况配种。对于个别体质过肥造成不发情或不受胎的母猪，要减少精饲料，增加青饲料，每餐喂六七成饱，加强运动，增加光照，使膘情下降，能够发情受胎。

母猪运动量不足，会影响母猪的正常发情排卵，同时也会使母猪四肢乏力而影响配种受胎。妊娠母猪长期不运动，胚胎死亡率比经常运动的母猪高 0.3%，这一点对集约化猪场尤其重要。对体况正常而不发情的母猪，可调换圈舍，增加户外运动等以改变原有的神经反射促进发情；与正常发情的母猪合圈饲养，通过发情母猪爬跨等刺激诱使发情；用性欲强的公猪与之接触刺激发情等；另外，用某些激素，如注射绒毛膜促性腺激素、孕马血清促性腺激素、氯前列烯醇等促进发情和排卵，也是非常有效的方法。

配种后母猪的营养供应，直接关系到胚胎能否着床及胎儿的正常发育。其营养需要包括：母猪维持需要，母猪增重、胎儿生长、子宫及其内容物增重等的需要。妊娠初期营养水平过高，母猪增重快、体内沉积大量脂肪，胚胎难以着床，会导致受胎率降低。因此，在妊娠母猪的营养方面，要始终把握"营养全面、看膘投料、不喂发霉变质饲料"的原则，根据母猪的体况，合理控制营养，保持中等膘情。

3. 准确查情，及时配种　掌握母猪发情规律，准确判断发情阶段，选择最佳配种时间，是提高母猪受胎率的保障。母猪的发情周期平均为 21 天，持续期为 2～5 天，最佳配种时期为 2～3 天。母猪在发情中前期表现为东张西望，站立不安，外阴部充血，并出现潮红肿胀，食欲减小或停食，爬跨其他猪等现象。此时，不宜过早配种。最佳配种时的特征：从站立不安转入安静，母猪喜躺卧，阴部充血肿胀开始减退，由潮红色转为暗红色，阴部开始出现皱纹，用手按其腰部、臀部，母猪站立不动，后腿张开并做排尿姿势。母猪配种的有效时期为静立反射开始后 24 小时左右。一般在 12～36 小时进行配种。为准确判断适宜配种时间，应每天早、晚 2 次利用试情公猪对待配母猪进行试情（或压背），看是否有静立反射。

在实际生产过程中，通常为了使先后排出的卵都能受精，一般 1 个发情期内配种 2 次，配种间隔时间 8～20 小时。也可以在母猪配种前 8 小时注射排卵素，促使母猪排卵，可使受胎率大大提高。

增加配种次数并不能增加产仔数量，甚至有副作用，关键是要掌握好配种的最佳时间。

另外，应根据不同的品种（系）、胎次、季节等因素，因地制宜，灵活调整配种时间。老母猪要早配，小母猪要晚配，青年母猪中间配，也就是老百姓常说的"老配小、小配晚、不老不小配中间"。避开中午，早、晚配种。地方品种猪发情持续期比引进品种猪更长，所以本地品种猪发情后晚配，引进品种猪发情后早配，杂种猪居中间。在我国农村，还有几句母猪适配的谚语：静立不动，正好配种；黏液变稠，正是时候；阴户沾草，输精恰好；神情发呆，输精受胎。

配种方法主要有本交和人工授精2种。本交配种方法有双重配种和重复配种两种方式。双重配种是选用2头血缘关系较远的同一品种或不同品种的公猪与1头发情母猪交配。先用1头公猪与发情母猪交配完后，相隔10分钟再用另一头公猪进行第二次交配。使母猪在短时间内交配2次而引起母猪性高度兴奋，从而促进了卵子成熟，加快加大排卵数量。同时，加强了精子与卵子结合的亲和力和选择力。种猪场进行纯种繁殖时不宜用此法，而商品猪场繁育猪苗时可采用此法。重复配种方式，即在一个发情期内连续多次进行配种输精，以达到受胎的目的。由于母猪的排卵时间可持续10～15小时以上，重复配种可使母猪在整个排卵期内输卵管中都保持有活力的精子，可以使卵巢内先后排出的卵子都能得到受精的机会。在生产中，大多数猪场都采用这种方式，重复配种能有效提高母猪的受胎率和产仔率。

在生产实践中，相比本交方式，人工授精更具优势：①可有效提高优秀公猪的利用率，降低公猪的饲养管理费用；②人工授精所采用的精液都经过品质鉴定，品质保证后才用于输精，适时配种可提高母猪的受胎率；③可防止多种疾病的传播，尤其是生殖道传播疾病；④精液稀释后易保存和运输，实现了公、母猪异地配种，克服了公、母猪因体格差异过大而带来的配种困难，有利于良种基因的引入，提高猪群遗传品质。双重配种和重复配种都可采用人工授精法来完成。每次配种精液量为 15～25 毫升（内含精子数量达到 20 亿～30 亿个）。配种前先用 0.1% 高锰酸钾溶液冲洗母猪外阴部，然后再用生理盐水冲洗干净，再将消毒后专用的输精胶管外面用少量精液润滑后插入母猪阴部约 25 厘米直达子宫颈，然后安上装有精液的注射器，将精液慢慢输入，整个输精过程约 4 分钟。配种完毕后，相隔 8～20 小时后可第二次人工授精。

4. 注意保胎，加强免疫 配种后母猪的管理非常关键，管理不当极易导致流产、死胎。根据母猪的生理特点搞好管理，是提高母猪受胎率的关键所在。胚胎在发育过程中有 3 个死亡高峰期：第一个死亡高峰发生在母猪配种后 10 天左右，此时胚胎着床不成功就会导致死亡；在母猪配种后 3 周左右，是胚胎器官形成期，此时是胚胎死亡的第二个高峰；胚胎的第三个死亡高峰，大约在母猪妊娠 60 天，当母猪遇到疾病侵袭、应激等不利因素，就会导致胚胎死亡。经常观察母猪群，做到"平时看精神、喂料看食欲、清扫看粪便"，及早发现问题，及时解决。

保证充足清洁的饮水，不喂发霉变质饲料，保持环境卫生，避免出现应激或打斗等情况，特别是受胎第一个月，这个时期卵子着床不稳，易发生流产，应特别注意。

及时合理地注射各种疫苗，减少和杜绝各类传染病和寄生虫病的发生，保证母猪健康体况。细小病毒病、乙型脑炎、蓝耳病、猪伪狂犬病、猪瘟等传染病均会对母猪发情和排卵造成严重影响。另外，母猪生殖道感染引起的子宫炎、子宫内膜炎、阴道炎等生殖道疾病应予及时治疗，对屡配不孕、久治不愈的母猪应及时淘汰。

母猪受胎率的提高是一个综合工程，需要通过环境控制、合理的营养调控、科学的预防保健、良好的饲养管理以及公猪优良的精液品质，才能达到理想的效果。只有了解和掌握其影响因素，才能做到有的放矢，再通过采取多种综合措施来提高母猪受胎率。

第五章
妊娠母猪的饲养管理关键技术

一、母猪妊娠的诊断

繁殖是生产母猪发挥生产力的主要途径，是获得效益的重要环节。繁殖技术影响猪场的繁殖效果，决定猪场的繁殖成本。猪的繁殖由母猪发情鉴定、配种受精、妊娠检查与接产，及公猪调教与采精、精液处理等技术组成。

（一）妊娠母猪的生理特点

1. 乳房的变化　妊娠开始后，在孕酮和催乳素的作用下，母猪乳房逐渐变大，更加丰满，特别是到妊娠中后期，这种变化尤为明显。到分娩前几周，乳房明显增大，能挤出少量乳汁。

2. 体重的变化　随着胚胎发育，胎水的增多，母猪体重增加。

3. 腹围的变化　随着胚胎发育，母猪腹部膨大，腹围增加。

4. 外形的变化　妊娠母猪毛色有光泽，眼睛有神、发亮，阴门下联合的裂缝向上收缩形成一条线。

（二）妊娠母猪行为特征

母猪妊娠后，食欲增加；行动变得比较稳重、谨慎；排粪、排尿次数增加。

（三）妊娠诊断方法

1. 早期诊断

（1）**乳头检查法** 经产母猪配种后3～4天，用手轻捏母猪最后第二对乳头，发现有一根较硬的乳管，即表示已受胎。

（2）**直肠检查法** 一般是指体型较大的经产母猪，通过直肠用手触摸子宫动脉，如果有明显波动则认为妊娠，一般妊娠后30天可以检出。但由于该方法只适用于体型较大的母猪，有一定的局限性，所以使用不多。

（3）**碘化法** 检查母猪是否妊娠，可采取配种几天后的母猪清晨尿10毫升，放入能耐高温的无色透明玻璃中。若尿液过浓，可加少量水，然后加入少量白醋，使尿液变成酸性，再加上几滴碘酒，在温火上慢慢加热煮开，煮开后如尿液从上至下呈现红色，表示母猪已妊娠；如果尿液是浅黄色成褐绿色，冷却后其颜色又很快消失，就是没有妊娠。

（4）**激素激发试验诊断法** 在下一次发情前，用雌激素或雌激素与雄激素的混合物对配种后的母猪进行注射试验，可诊断其是否受孕。①丙酸睾丸酮0.5毫克加缬草素雌二醇2毫克，于人工授精后15～23天进行1次肌内注射，若没有发情表现者，即为受胎。②1%丙酸睾丸酮0.5毫升加0.5%丙酸乙烯雌酚0.2毫升（也可用0.1%苯甲酸雌二醇1毫升），于下一次发情前，混合后一次肌内注射，2～3天后，母猪没有发情表现即为妊娠。

（5）**阴道剖解法** 在母猪配种后20～30天从阴道上皮取一小块样品进行检查。母猪的上皮组织进行固定染色并进行显微镜观察，如果上皮组织的上皮细胞层明显减少且致密，一般仅有2～3层细胞，则认为该母猪为妊娠母猪，而未妊娠母猪的阴道上皮细胞不仅排列疏松而且为多层。此法的缺点是在剖解取样时要有一些技巧，还必须小心标记样品，记录配种后的时间，因需要染色不能立即得结果。配种数天后，如阴道颜色苍白，并附有浓稠黏液，触之涩而不润，说明已经妊娠。

（6）**指压法**　用拇指和食指用力压捏母猪第9～12胸椎背中线处，如背中部指压处母猪表现凹陷反应，即表示未受胎；如指压时表现不凹陷反应，甚至稍凸起或不动，则为妊娠。

（7）**探测技术**　具体操作如下：

①保定　母猪保定，姿势以侧卧最好，站立或采食时均可。个别难于接近的母猪，可用抓猪器或门板等挤于墙角进行探查。规模化养猪条件下，可在限饲栏内进行。

②探查部位　体外探查一般在下腹部左右、后肋部前的乳房上部，从最后1对乳腺的后上方开始，随妊娠增进，探查部位逐渐前移，最后可达肋骨后端。若猪被毛稀少，探查时不必剪毛，但要保持探查部位的清洁。

③探查方法　体外探查时，探头紧贴腹壁，局部或探头涂布耦合剂，动作要慢，切勿在皮肤上滑动探头快速扫查。妊娠早期探查，探头朝向耻骨前缘，骨盆腔入口方向，或呈45°角斜向对侧，进行前后和上下的定点扇形扫查。有时需将探头贴于腹壁向内紧压，以便挤开肠管更能接近子宫，提高检测率。因为，在妊娠28～30天以前，子宫通常还没有下垂接触到腹壁。

（8）**外部观察法**　外部观察法是传统的妊娠诊断方法，其实质就是通过母猪是否返情来判断其是否妊娠。母猪的发情周期平均为21天。

如果母猪配种后未妊娠，正常情况下配种后18～22天都会有前情期或发情期征状。因此，在配种后18～22天用试情法或外部观察法检查母猪，如没有前情期或发情期征候，则很可能已经妊娠。不返情时间越长，不返情率与实际受胎率越接近。

（9）**公猪试情法**　母猪配种早期受胎后，往往表现为疲倦、贪睡、贪食，而且食量逐渐增加。性情安静，行动稳重。皮毛日见光泽，紧贴身躯。体重日增，逐渐上膘，阴门收缩，阴门下联合向内上方弯曲；母猪见公猪后，尾巴自然下垂或夹着尾巴走开，表现为拒配。特别是配种后 21 天左右不再有发情表现，可进一步判断母猪已受胎。但有时外阴部较大的母猪也可能已经妊娠。如饲料被镰孢霉污染，对母猪造成轻微中毒，那么即使已经妊娠，外阴部也会有一定程度的肿胀。且个别母猪由于内分泌功能局部失调，可能出现发情表现，但与公猪接近则拒配逃走，这是一种假发情，不宜配种。

（10）**超声诊断法**　超声诊断法是利用超声波的物理特性，将其和动物组织结构的声学特点密切结合的一种物理学诊断法。其原理是利用孕体对超声波的反射来探知胚胎的存在、胎动、胎儿心音和胎儿脉搏等情况来进行妊娠诊断。目前，用于妊娠诊断的超声诊断仪主要有 A 型、B 型和 D 型。

①B 型超声诊断仪　可通过探查胎体、胎水、胎心搏动及胎盘等来判断妊娠阶段、胎儿数、胎儿性别及胎儿状态等。具有时间早、速度快、准确率高等优点，但价格昂贵、体积大，只适用于大型猪场定期检查。

②多普勒超声诊断仪（D 型）　该仪器可通过测定胎儿和母体血流量、胎动等做较早期诊断。张寿利用北京产 SCD–Ⅱ型兽用超声多普勒仪对配种后 15～60 天母猪检测，认为 51～60 天准确率可达 100%。

③A 型超声诊断仪　这种仪器体积如手电筒大，操作简便，几秒钟便可得出结果，适合基层猪场使用。据报道，其准确率在 75%～80%。母猪配种后，随着妊娠时间的增长，诊断准确率逐渐提高，18～20 天时，总准确率和阳性准确率分别为 61.54% 和 62.50%，而在 30 天时分别提高到 82.5% 和 80%，75 天时都达到 95.65%。

2. 中期诊断　主要通过以下症状判断。

母猪配种后 18～24 天不再发情，食欲剧增，槽内不剩料，腹部逐渐增大，表示已受胎。

妊娠中后期母猪腹部隆起明显，被毛光滑。妊娠后如果出现假发情，则表现为外阴红肿、兴奋不安等类似发情的征状。但极少有静立反射征状。此时可用 B 型超声波进行鉴别，防止误配造成流产。用妊娠测定仪测定配种后 25～30 天的母猪，准确率高达 98%～100%。

母猪配种后 30 天乳头发黑，乳头的附着部位呈黑紫色晕轮，表示已受胎。从后侧观察母猪乳头的排列状态时乳头向外开放，乳腺隆起，可作为妊娠的辅助鉴定。

3. 后期诊断 妊娠 70 天后能触摸到胎动，80 天后母猪侧卧时即可看到触摸到母猪腹壁的胎动，腹围显著增大，乳头变粗，乳房隆起则为母猪已受胎。

局部触诊诊断是用两手夹在母猪最后 2 对乳房上部的腹壁向前向后滑动，可感觉到有硬物。或用一只手握母猪最后 2 对乳房处向前腹内轻按，然后复位，手感觉到有球状物，特别是受胎后 2～2.5 个月时易于触诊。

母猪妊娠日期平均为 114 天。

二、妊娠母猪的胚胎发育

猪的胚胎发育主要经历妊娠的建立和维持。妊娠早期是妊娠建立的关键时期，在此过程中胚胎的发育主要经过两个重要时间段：第一时间段，属于受精卵的卵裂时期，发生在妊娠第 1～10 天。从胚胎发育的形态学角度看，胚胎主要经历以下 4 个阶段的变化：球形、卵圆形、管状和丝状。第二时间段，母体胚胎的识别时期，受精卵在转入子宫后发生迁移并全部在两侧的子宫角定位，为下一步雌激素的释放做准备，到妊娠 11 天左右，胚胎开始合成、分泌雌激素，雌激素有利于母体黄体功能的维持，促进黄体分泌孕激素维持妊娠，因此雌激素作为孕体和母体之间建立联系的信号物质保证妊娠的顺利建立。通常情况下妊娠 11～13 天可完成妊娠的识别，一旦母体与孕体之间建立联系，胚胎即开始进行疏松附植，直到妊娠第 25 天左右胚胎附植完成，同时也标志着胎盘形成的开始。妊娠第 25 天左右，母猪胎盘完全形成，母体与胎儿可发生营养物质之间的全面转运，即进入妊娠的维持阶段。此后，绒毛膜表面积迅速增长，胎盘血管逐渐发育、扩张，母体通过血液输送营养物质，维持胚胎的生长发育，并在卵巢类固醇激素的相互调节作用下维持妊娠和启动分娩。

三、妊娠母猪的营养需要

研究表明，通过调控母猪妊娠期日粮营养，可改善母猪体况、延长其使用年限、提高母猪产仔数、产活仔数、所产仔猪初生窝重等生产指标，为充分发挥母猪的泌乳期的生产性能做好准备。必须根据母猪的个体情况和季节变化，提供平衡营养，进行合理的饲养。

母猪妊娠期分为两个阶段，妊娠前84天（12周）为妊娠前期，85天到出生为妊娠后期。需根据妊娠母猪的营养利用特点和增重规律加以综合考虑，科学饲养。

断奶后的母猪体质瘦弱，此时对营养的需要主要用于自身维持生命和复膘，因此配种后20天内应对母猪加强营养，使母猪迅速恢复体况。这个时期正是胎盘形成期，胚胎需要的营养虽不多，但各种营养素要平衡，最好供给全价配合饲料。同时，还需调制营养水平，前期能量水平过高，体内沉积脂肪过多，则导致母猪在哺乳期内食欲不振，采食量减少，既影响泌乳力发挥，又使母猪失重过多，还将推迟下次发情配种的时间。妊娠20天后母猪体况已经恢复，食欲增加，代谢旺盛，在日粮中可适当增加一些青饲料，优质粗饲料和糟渣类饲料。妊娠后期为了保证胎儿迅速生长的需要，生产出体重大，生活力强的仔猪，需要供给母猪较多的营养，增加精料量，减少青饲料或粗饲料。

妊娠期营养过剩，母猪过肥，腹腔内特别是子宫周围沉积脂肪过多，影响胎儿生长发育，产生死胎或弱仔猪；反之，则造成营养不良，身体消瘦，对胚胎发育和产后泌乳都有不良影响。

钙和磷对妊娠母猪非常重要，是保证胎儿骨骼生长和防止母猪产后瘫痪的重要元素。妊娠前期需钙10～12克/天、磷8～10克/

天，妊娠后期需钙 13～15 克 / 天、磷 10～12 克 / 天。碳酸钙和石粉可补充钙的不足，磷酸盐或骨粉可补充磷。使用磷酸盐时应测定氟的含量，氟的含量不能超过 0.18%。饲料中食盐为 0.3%，补充钠和氯，维持体液的平衡并提高适口性。其他微量元素和维生素的需要由预混料中提供。

四、妊娠母猪的饲养管理

近年来，随着国家扶持政策的落实，生猪生产形势已经出现积极变化，生猪存栏量上升，规模化养殖发展迅速。在如此好的形式下，部分养猪户过分追求经济利益，盲目增加母猪的养殖数量，反而是忽视了母猪的饲养管理。母猪的饲养关系到养猪场的经济效益，尤其是妊娠母猪的饲养管理，是母猪饲养中关键的环节。

做好妊娠母猪的饲养管理的目的：一是保证胎儿得到正常发育，防止出现流产和死胎，提高配种分娩率；二是确保每头母猪能产出多头数、初生体重大、健壮的仔猪；三是保持母猪良好的体况，为哺乳期哺育仔猪储备所需的营养物质。

（一）饲养方式

妊娠阶段的母猪体况应恰到好处，既不能太肥也不能太瘦。过肥的母猪生产过程延长、健康仔猪少、死亡率高，产后子宫炎、乳腺炎发病率高。过瘦的母猪抵抗力差，仔猪出生体重低，乳汁少，母猪断奶后更瘦，难再发情。要根据妊娠母猪的营养需要、胎儿发育规律及母猪的不同体况，在妊娠不同时期采取不同的饲喂方式。

1."**抓两头带中间**"**饲养方式**　断奶后体况较瘦的经产母猪，从配种前几天开始至妊娠初期阶段加强营养，加喂适量精饲料，特别是富含蛋白质的饲料，使其尽快恢复体况。妊娠中期可降低营养浓度，后期为满足胎儿迅速增长对营养的需求，应再次提高营养水平，增加精饲料喂量，既保证胎儿的要求，又使母猪为产后泌乳储备一定量的营养，即"抓两头带中间"饲养方式。

2."前粗后精"饲养方式 对配种前膘情好的经产母猪，可采取在妊娠前期饲喂低营养水平饲料，日粮组成以青粗饲料为主。到妊娠后期胎儿发育加快，饲喂高营养水平的精饲料，即"前粗后精"的饲养方式。

3."步步登高"饲养方式 对处于生长发育阶段的初产母猪和生产任务重的哺乳期间配种的母猪，由于本身尚处于生长发育阶段，同时负担胎儿发育对营养的需要，整个妊娠期的营养水平及精饲料使用量，按胎儿体重的增长，随妊娠期的增进而逐步提高，即"步步登高"的饲养方式。

4."低妊娠，高泌乳"饲养方式 即对妊娠母猪采取限量饲养，使妊娠母猪的增重控制在 20 千克左右，而哺乳期则实行充分饲养，这是利用饲料最经济的饲养方式。妊娠期营养过剩，母猪过肥，腹腔内特别是子宫周围沉积脂肪过多，影响胎儿生长发育，产生死胎或弱仔猪。同时，也不能喂量过少造成母猪营养不良，身体消瘦，对胚胎发育和产后泌乳都有不良影响。

（二）妊娠母猪的管理

1. 提供舒适的环境 妊娠母猪需做好防暑降温和防寒保暖工作，控制猪舍湿度与空气质量，加强环境卫生。妊娠母猪最适宜的环境温度为 16℃～22℃，空气相对湿度为 45%～65%。保持猪舍及猪体清洁，特别是妊娠前期母猪的后躯卫生十分重要。此外，做好妊娠母猪的驱虫、灭虱工作。蛔虫、猪虱最容易传染给仔猪，在母猪配种前应进行 1 次药物驱虫，并经常做好灭虱工作。

2. 提供清洁饮水和优质饲料 保证母猪随时饮到清洁的饮水，冬季和早春不用冰冻饮水，大力提倡自来水。妊娠母猪不能吃冰冻发霉变质和有毒饲料。带有毒性的饼类和含有农药残留的饲料、酸性过大的青贮饲料，含有酒精较多的酒糟都不能用来喂妊娠母猪。每次喂料之前清除剩料，清洗料槽后再加料。早上早喂，晚上多喂，并定时饲喂，使母猪养成良好的条件反射。更换妊娠母猪饲料，一般需要经过5～7天。母猪在产前10～15天起，即需要将饲料种类逐渐更换成产后饲料。不能随意更换饲料，避免饲料更换的应激反应造成母猪便秘、腹泻，甚至流产。

3. 适当运动　对于妊娠母猪而言，适当的运动有利于增强体质、促进血液循环，加速胎儿发育，又可以避免难产。母猪妊娠第一个月为了恢复体力和膘情，要尽量减少运动。1个月后保证母猪每天有足够的运动。妊娠后期应减少母猪运动量，自由活动，产前1周应停止驱赶运动。

妊娠母猪在妊娠后期适宜单圈饲养，防止相互咬架、挤压造成死胎和流产。不可鞭打、追赶和惊吓妊娠母猪，以免造成机械性损伤，引起死胎和流产。

4. 做好免疫接种工作　猪场要制定符合本场的卫生防疫制度，并严格执行。定期对猪舍及周围环境进行有效消毒，定期更换消毒池和消毒盆的消毒水。妊娠母猪临产前2～7天转入产房，转猪前要彻底消毒猪身，注意双腿下方和腹部的消毒。

按照免疫程序做好妊娠母猪产前免疫接种工作，目的在于保证仔猪通过吸食母猪初乳获得母源被动性免疫。一般认为，产前3～4周适合对妊娠母猪免疫接种。

五、母猪分胎次饲养技术

猪分胎次饲养技术（SPP）是将母猪按分娩胎次分群单独饲养管理，各群母猪所产仔猪在断奶后也进行分群单独培育的一种饲养管理技术。

在养猪生产过程中，第一胎母猪面临的问题通常比较多，如产仔数不稳定、断奶发情延迟、对疾病的易感性强（包括其后代）等。如果一段时间猪群中没有后备母猪，猪群的生产就会相对稳定，但是，在生产实际中，为了维持猪群正常连续的生产及合理的胎龄结构，必须不断且有计划地补充后备母猪。对母猪实施分胎次饲养技术可减少二胎和二胎以上母猪饲养场的疾病，提高猪群的健康水平和生产性能。

分胎次饲养基本上包括母猪群和其后代群。

对于母猪群，分胎次饲养就是将后备母猪和第一胎母猪（P1）与老的、第二胎以上的母猪群（P2）分开饲养，其中第一胎母猪可以在第一窝仔猪断奶之后第二次分娩并成为 P2 母猪之前的任何时间将其转入经产母猪舍。

对于一胎母猪的后代猪群来说，就是要将第一胎母猪的后代和其他老母猪的后代实行完全的隔离饲养。

（一）母猪分胎次饲养的方法

1. 大型养猪场　后备母猪培育舍、第一胎次母猪饲养场、第二胎次母猪饲养场、第三胎次母猪饲养场、3 胎以上母猪饲养场，可以将同一胎次的母猪场建在一个区域内，不转群，直接胎次的上升为单独胎次饲养。也可以将头胎母猪断奶后立即转入二胎母猪场，二胎母猪断奶后立即转入三胎母猪场，依次类推。最主要的是一胎、二胎、三胎母猪所产仔猪都要单独保育和肥育。由于仔猪的抗体水平一致性好，对仔猪进行免疫的效果好，能有效地提高猪群的健康和生产水平。

2. 较小的养猪场　可以成立养猪协作组织或养猪联合体，使一个养猪专业户所饲养的母猪胎次一致，并且饲养几年后同时淘汰母猪。或将一部分生产性能好的母猪并入一个母猪场。这样做的目的是，对一个养猪专业户来说，母猪也能够做到全进全出，为清除猪场病原、阻断疾病传播意义重大。

（二）分胎次饲养技术的优点

1. 便于针对不同胎龄的母猪区别饲养

（1）便于初胎母猪的饲养管理　分胎次饲养便于后备母猪提前

接触公猪，提供公猪与母猪更多的接触机会，使得后备猪背膘沉积更合理，繁殖性能获得提高。SPP 方法也可以给 P1 母猪更多关注，能够做到营养上的特殊照顾和管理上的优待，通过饲养管理、发情鉴定、配种、分娩及营养等措施提高 P1 猪场的生产性能。广西农垦永新畜牧公司原种猪场实施 SPP 饲养取得了良好效果，使 P1 母猪的配种分娩率提高 1.4%、窝产仔数增加 0.6 头、窝产活仔数增加 0.48 头、哺乳仔猪死亡率下降 0.95%，综合效益显著。

猪的体成熟期在 30 个月左右，而母猪分娩的一、二胎期间仍处在生长发育阶段，而且配种体重越轻，妊娠母猪的能量需要越少。生产中把握不同胎次母猪的营养需要，通过 P1、P2+ 母猪场的营养定制，真正做到个体化精细饲养，以使母猪配种时体况较好，从而缩短断奶至配种间隔，降低饲养成本。如果把 P1 母猪集中配种，有利于饲养员准确控制妊娠猪的料量。对 P1 母猪而言，分娩带来的应激明显大于 P2+ 母猪，在分娩后需要更长的时间来恢复，其食欲往往相对较差。可以将 P1 母猪聚集在一起进行针对性的饲养，专门设计适用于低采食状态下的高蛋白质哺乳料以满足其需要，为母猪的一生打下良好基础。为降低断奶后母猪膘情过差，可考虑适当提前断奶，从而提供了生长发育和繁殖生产营养的双重保证。

（2）便于经产母猪繁殖力的提高 广西农垦永新畜牧公司原种猪场的生产实践表明，分胎次饲养与常规饲养的 P2+ 母猪繁殖性能相比有所提高，P2+ 母猪群的健康水平得到明显改善，在返情率、分娩率和窝产仔数等方面的成绩也都有所提高。Hanor 公司的猪场生产也证明，如果将后备母猪和 P1 母猪作为一个群体进行营养管理，而对大龄母猪则调整其养分供应水平以适应其因年龄增长而提高的养分需要量，那么该群母猪的平均终生繁殖力就会提高，而且在母猪繁殖力得到保持的同时并未增加每头断奶仔猪的饲料成本。对大龄母猪提供较高营养水平，可避免其在窝产仔数和断奶窝仔数问题上出现早期衰退，这一做法可以将每头母猪的终生平均产仔数增加 3.3 头之多。

2. 有利于更多地关注后备母猪，有利于母猪群疫病的防制
P1 母猪往往容易成为各种疾病的传播者，单独分娩可以阻断或减慢种猪之间的病原感染，使猪群健康稳定。在 SPP 技术中，因为仅有那些最近未感染的母猪加入到 P2＋猪场，母猪病原微生物携带量可急剧减少，而且由于不断引入免疫力强的母猪，稳定了 P2＋猪场的健康水平。由于没混有 P1 母猪及其后代，没有或很少引进携带如（PRRSV）及猪肺炎支原体病原的母猪，P2＋猪场中的各猪群抗体水平整齐度能够维持得比较高，因此对各类疾病的抵抗力在某种程度上大大增强了，某些病原微生物最终可被清除。试验证实，集约化分胎次饲养可提高猪场后备母猪的生产性能，降低 P2＋后代的地方性肺炎病变率，稳定了 P2＋母猪的健康水平。由于减少了病原传入的危险，P2＋猪场不必实行严格的隔离和驯化，只需在繁殖区采取简单的生物安全措施就足够了。P1 场猪群在使用药物特别是抗生素类药物时，尽量选择药效较低的，而且剂量和频率要低于 P2＋场猪群，目的是减少耐药菌株的出现，保证长期用药的敏感性。

3. 有利于猪场设备的合理利用，节省开支 采用母猪分胎次饲养技术，将所有的后备母猪聚集在一起，养猪场可以设计一些特殊的设备供后备母猪专用。例如，使用较短较窄的妊娠栏和产床，以节省开支。第一胎母猪断奶后，往往发情会推迟。因此，可以在配种舍里安装更多的限位栏，使用激素治疗等。另外，可能由于出生时体重较轻以及饲料摄入量较少等原因，后备母猪的后代仔猪断奶体重一般比经产母猪的后代要轻一些，因此将第一胎母猪的后代分胎次饲养，多建一些肥育栏位，可以使生产管理更加方便合理。在人员分配方面，由于 P1 猪场的特殊性，饲养技术难度和工作量较 P2＋猪场要大，因而在技术和人员配备方面应适当倾斜，发情鉴定、配种、饲喂和护理可以更加专业化。例如，根据分娩舍仔猪死亡率随胎次的增加而增加的规律，安排责任心强、工作经验丰富的优秀员工有针对性地加强哺乳母猪及仔猪的护理，可大大减少被压致死的健康哺乳仔猪数量。

（三）分胎次生产技术的缺点

SPP 技术是一种增进健康、提高生产的可能方法，但是在实际操作过程中还是存在一些不足之处。

第一，由于 P1 母猪与 P2+ 母猪不在同一场（或生产线），SPP 方法增加了母猪的运输费用及运输途中受感染的风险，P1 母猪进场后有时也带来一些健康上的某些不稳定因素。

第二，SPP 方法程序固定，操作上缺乏弹性，当 P1 母猪妊娠后必须运往下一个场地，而且在这种饲养模式中往往难于满足快速扩群的需要。

第三，SPP 技术对猪场的生物安全提出了更为严格的要求，特别是 P1 母猪场要向所有 P2+ 母猪场提供妊娠母猪，一旦出现疾病，就会涉及所有 P2+ 母猪场。

第四，该技术还需要更多的生产数据和健康监测进行严格的评估。

母猪分胎次饲养可以在不增加大的投入的情况下，仅仅靠管理方式和生产工艺的改变，做到提高猪群健康水平、降低猪场疾病防治成本和提高生产性能的目的，是一项在养猪行业中值得推广的新技术。

第六章
母猪围产期饲养管理关键技术

母猪围产期是指母猪临产前、产后一段时间的总称。产后可到生殖器官复旧为止，产前时间目前在兽医产科学上尚无可以遵循的标准。按照产科学的观点，为维护母仔双方的健康，以1个月为宜。生产上围产期一般指产前7天至产后7天这段时间，常出现不食综合征、低温症、便秘、产程长、三联症等状况，危害母仔安全，给养猪者带来损失，因而此阶段管理目标是使母猪安全分娩，顺利产仔，多产活仔，促进母猪产后泌乳，使仔猪健康发育、快速生长。

一、母猪分娩前的准备工作要点

母猪分娩前，需要做好以下准备工作，即产房、用品及母猪临产前的护理。

（一）产房准备

1. 卫生 产房要求整洁卫生、阳光充足、空气清新、产栏舒适。哺乳仔猪易发生腹泻，一般由病毒性、细菌性、寄生虫所引起，而产后母猪体力下降，各种致病微生物会乘虚而入，常引起母猪产后感染、发热拒食，俗称产褥热。因而产房消毒是保证母仔健康的关键环节。在产仔前10天左右，对产房进行清查、消毒：移走易损物品，包好插座，彻底清除粪便、污物，清洁产房地面、漏缝地板、四周墙壁、粪沟、床位、栏杆、料槽、饮水器以及铁铲、铁锨等，然后用 2% 火碱水溶液喷洒消毒，有条件的用甲醛熏蒸消毒，24 小时后用高压水枪冲洗，墙壁用 20% 石灰乳粉刷，并注意通风，地面撒石灰，保持产房干燥。

2. 门前的消毒池　加入清洁的消毒水，并定期更换。

3. 进猪后消毒程序　每周消毒 2 次，如若发生疫情，每天消毒 1 次。

4. 检查饮水器　是否有跑冒滴漏现象，发现坏损，立即更换。

5. 控温设备　寒冷季节产房应配备采暖设备，如仔猪保温装置（仔猪箱、红外线灯、电热板、玻璃钢罩等）；夏季产房要有降温通风设备，产房温度控制在 15℃～20℃为宜。有仔猪保温箱的猪场，应提前 2 天将保温箱温度调整到 32℃。

（二）接产用品准备

产前准备好 5% 碘酊、胶皮手套、注射器及针头、凡士林、催产素、青霉素等接产用品；务必要准备消毒药品、抗生素等药物；另外，还要准备剪子、耳号钳、毛巾、水盆、高锰酸钾、肥皂、针线等，以备接产用。同时，要准备产仔记录本、疫苗使用记录本、母猪分娩卡、笔、称等。传统养猪场需要准备垫草，垫草要求干燥、柔软、清洁、长度 10～15 厘米。

1. 产仔记录本　记录仔猪号，仔猪的父本和母本及耳号，仔猪的体重、性别等信息，见表 6-1。

表 6-1　产仔记录卡

母猪耳号	母猪品种	与配公猪耳号	公猪品种	产仔时间	仔猪耳号	性别	出生重

2. 母猪分娩卡 记录母猪品种、耳号，公猪品种、耳号，配种日期，预产期，胎次及备注（如产前异常或有恶癖等特殊情况）等（表6-2）。母猪分娩卡跟随母猪，使产房值班人员做到胸中有数，防止母猪产仔无人接产护理。

3. 疫苗及药物使用记录本 记录仔猪出生后防疫及治疗过程中使用的药物名称、剂量、效果等（表6-3）。

表6-2 母猪繁殖记录卡

母猪耳号	母猪品种	与配公猪耳号/品种	配种日期	预产期	胎次	产仔数/活仔数

表6-3 疫苗及药物使用记录

日　期	疫苗或药物名称	剂　量	效　果	备　注

二、母猪分娩前后的护理

（一）母猪分娩前的护理

母猪分娩前护理主要包括驱虫、变料、减料、调教、运动和转入产房。

1. 驱除体内外寄生虫 产前2周，对全场猪进行检查，如发现疥癣、猪虱，可在饲料中添加伊维菌素驱虫，或者用2%敌百虫溶液喷雾灭除，以免产后传播到仔猪身上。

2. 变料及减料

（1）**变料**　传统养猪场一般在产前 10 天开始，由妊娠料逐渐改成哺乳料，工厂化养猪场母猪转入产房时改用哺乳料。

（2）**减料**　如果母猪膘情好，一般从产前 5～7 天开始逐渐减少饲喂量，至产前 1～2 天减至日饲粮的一半。该阶段尽量少用不易消化的高纤维饲粮，可用精饲料、糠麸等全价配合饲粮，掺入青饲料，饮水供应充足，防止便秘，影响分娩。如果母猪此阶段膘情差，乳房膨胀不明显，则应该增加饲喂一些富含蛋白质的催乳饲料。当发现临产症状时，停止饲喂饲料，只饮豆饼麸皮汤（加少许食盐，冬季需用温水调制）。

3. 运动与调教　产前 2 周，让母猪在运动场自由活动，防止互相挤撞造成死胎或流产。注意防止母猪中暑或感冒，饲养员在母猪妊娠后期要精心护理，饲喂和打扫卫生时要经常抚摩母猪，使猪熟悉饲养员并愿意接触，为进入产房的管理创造方便条件。

4. 转入产房　规模化猪场一般在母猪临产前 5～7 天转入产房，使其提前熟悉环境，避免产前剧烈活动造成死产，便于接产管理。临产母猪转入产房也不宜过早，过早则容易污染已消毒过的产房，也使母猪体力降低，不利分娩。转入产房宜在晚上进行，可以降低应激，待转母猪先不饲喂，预先在产房料槽内投放饲料，转入产房后即吃料，可减少应激反应。新转入产房的母猪要进行吃料、喝水、排便和卧睡定位，尽量养成良好习惯，保持卫生，减少污染。

母猪进入产房前要清洗，用刷子刷去母猪身上的脏污、粪便等，阴门周围、四肢、下腹部（尤其是乳房）用 2% 的碘酒冲洗（冬天要用温水）。驱赶母猪至产房时严禁粗暴。

5. 设值班人员　产房的猪只实行全进全出制，妊娠母猪转入产房待产时，产房饲养员需要检查母猪是否进行喷洒消毒，并逐一检查母猪的档案卡，了解其品系、胎次、健康状况和预产期。

从预产期前 1 周起，夜间产房应设置值班人员，主要负责观察母猪动态，发现母猪产仔要及时进行接产护理，防止仔猪被压死、冻死，按时饲喂哺乳母猪，清扫粪便，保持产房卫生。做好"四防"工作。

（二）接产时的护理

饲养员要熟悉母猪临产症状，能根据临产症状准确判断分娩开始时间，并做好准备工作，根据接产规程认真操作，提高仔猪成活率。母猪的妊娠期平均 114 天，因个体差异有提前或延后，所以母猪进入产栏后，要随时观察母猪是否出现临产前的征状，防止提前产仔、无人接产等意外事故。

1. 母猪临产症状 可根据以下表现判断。

一看乳房：在母猪分娩前 3 周，母猪腹部急剧膨大而下垂，乳房也迅速发育，从后至前依次逐渐膨胀；至产前 3 天左右，乳房潮红加深，两侧乳头膨胀而外张，用手挤压，可以从中部 2 对乳头挤出少量清亮液体；一般情况下，产前 1 天，可以挤出 1～2 滴初乳；母猪分娩前半天，可以从前部乳头挤出 1～2 滴初乳。如果能从后部乳头挤出 1～2 滴初乳，而能在中、前部乳头挤出更多的初乳，则表示在 6 个小时左右即将分娩；挤出的乳汁变浓、量多时，可能在 2～3 小时分娩。但也有个别母猪分娩后才分泌乳汁，要根据母猪行为综合判断。

二看外阴部：母猪临产前 3～5 天，母猪外阴部开始发生变化，阴唇逐渐柔软、肿胀增大，皱褶逐渐消失，外阴充血而发红。骨盆韧带松弛变软，有的母猪尾根两侧塌陷，这是骨盆开张的标志。当阴部有黏液流出，则是快生产的预兆。当阴门流出稀薄的带血黏液时，说明母猪已"破水"，将在 30 分钟内产子。

三看呼吸次数：一般产前 1 天每分钟呼吸 54 次左右，到产前 4 小时每分钟呼吸 90 次左右。

四看行为表现：母猪临产前 6～12 小时，神经敏感，常表现起卧不安，紧张不安，食欲减退，在舍内来回走动，有的叼草做窝；无草可叼时，也会用嘴拱地，前蹄扒地呈做窝状。护仔性强的母猪变得性情粗暴，不让人接近，有的还咬人。此时，生人不要接近，不要随便换饲养员。

2. 接产　当出现即将产仔的征兆时，要用0.1%高锰酸钾溶液擦洗母猪外阴部、后躯和乳房，准备接产。整个接产过程要保持环境安静、动作准确、快捷。

（1）**擦拭黏液**　一般母猪破水后数分钟至半小时即会产出第一头仔猪。仔猪产出后，接产人员要立即用手指掏除仔猪口腔中的黏液，然后用干净柔软的布或者垫草将其鼻腔和全身的黏液擦拭干净，促进其呼吸，让仔猪体表尽快干燥，减少体表水分蒸发散热。

（2）**断脐**　先将脐带内血液向腹部方向挤压，然后在距离腹壁4～5厘米处用手指掐断脐带（不要用剪刀，以免流血过多），以不拖在地板上为宜，断端用5%碘酊消毒。若断端继续流血，可用手指捏住断端，直至不出血，然后再涂碘酊消毒。尽量不要用线结扎，以免引起炎症。断脐带时不要用力拉扯，以免发生脐带炎。处理完后的仔猪要立即放入保温箱让毛干透。

（3）**剪耳号与称重**　耳号钳要预先消毒，按照本场的规定，给断脐处理后的仔猪剪耳号，涂上碘酊消毒。然后称重（仔猪初生重），并在产仔记录本上登记耳号、性别、体重、初生重、健仔与否、出生时间等信息。

对于育肥场可根据本场的情况确定是否打耳号，可在生产完毕后记录母猪产程、产仔猪、产活仔数、健仔数、初生窝重等信息。

（4）**猪瘟超前免疫**　暴发过猪瘟的猪场，仔猪出生后立即采用加倍超免2～4头份猪瘟单苗。需要注意的是，如果采用超前免疫，仔猪需要在免疫后2小时方可哺乳。没有暴发猪瘟的猪场，不提倡采用超前免疫的方式，按照正常免疫程序，在3～5周龄一免，6～8周龄二免。

（5）**吃初乳**　上述处理结束后立即将仔猪送到母猪身边吃初乳。对于不会吃奶的仔猪，要人工辅助，将其固定在母猪胸部乳头吮乳。初生仔猪越早吃初乳越好，有利于恢复体温（仔猪出生后体温下降）和及早获得免疫力。一般宜采取仔猪随产出随吃母乳；对于分娩过程中不安的母猪（初产母猪、个别有恶癖的母猪）可采取将产出的仔猪先装入仔猪保温箱，待分娩结束后再一起哺乳，但时间不得超过 2～3 个小时，保证每头仔猪吃到初乳。对于寄养仔猪，要给其吮足初乳，至少 6 小时后才能转给保姆猪寄养，以免出现排异。寄养时应涂上保姆猪的乳汁，并安排在夜间进行。

（6）**假死仔猪急救**　母猪产前剧烈折腾会造成脐带提前中断，产道狭窄、胎位不正也会造成已断脐胎儿娩出时间延长，都会造成仔猪窒息。其中有的仔猪虽然不能呼吸但心脏仍在跳动，用手指轻压脐带根部可摸到脉搏，此为假死仔猪。急救方法：先掏出其口腔内黏液，擦净鼻部和身上黏液，然后用两手分别握住其前后肢（或一手托臀、一手托肩），反复做人工呼吸，直至恢复呼吸。

（7）**难产处置**　母猪破羊水后一般半小时仍不产出仔猪，即可能为难产。难产也可能发生在分娩中间，即分娩几头仔猪后，长时间不再产出，母猪产仔时一般产第一头与第二头之间间隔的时间较长，有时可达 2 小时，此时要注意检查，看是否难产，如果母猪长时间剧烈阵痛，反复努责不见产仔，呼吸急促，心跳加快，皮肤发绀，应立即进行人工助产。

难产在生产中较为常见，难产的原因大致可分为娩出力弱、产道狭窄及胎儿异常 3 类。娩出力弱是由于饲养不当，如饲料搭配不合理，品质不良，使母猪过肥或瘦弱，或运动不足、胎次过高所引起。产道狭窄多为骨盆狭窄，是由于母猪发育不全，或母猪过早配种，骨盆尚未发育完善所造成的；有时因骨盆骨骨折及骨裂愈合所致的变形或骨赘，也可造成骨盆狭窄，影响仔猪产出。也有由于阴道狭窄或子宫颈狭窄造成，但比较少见。胎儿异常是指分娩时胎位不正、胎向不正、胎势不正、胎儿过大或畸形的情况，妨碍胎儿产出。

①**娩出力弱**　对于年老体弱、分娩力不足的母猪，可采用肌内注射催产素（垂体后叶素）10～20 单位，促进子宫收缩，必要时注射强心剂。如注射后半小时仍不能产出仔猪，应手术掏出。具

体操作方法是：术者剪短、磨光指甲，手和手臂先用肥皂水洗净，2%来苏儿（或用1%高锰酸钾溶液）消毒，再用70%酒精消毒，然后涂以清洁的润滑剂（凡士林、液状石蜡或甘油）；将母猪阴部清洗消毒；趁母猪努责间歇将手指合拢成圆锥状，手臂慢慢伸入产道，抓住胎儿适当部位（头部或后肢），再随母猪努责，慢慢将胎儿拉出。当无法拉出胎儿，而药物催产又无效时，可行剖宫产术。

②骨盆狭窄及胎头过大　母猪阵缩及努责正常，但产不出胎儿。检查时可发现胎儿中等大，但盆骨狭窄或者骨盆腔无异常，胎儿较大而通不过产道。拉出胎儿时应向产道灌注温肥皂水或油类润滑剂（凡士林、液状石蜡或甘油），然后将手伸入产道抓住胎头或上颌及前肢，倒生时可握住两后肢，慢慢拉出。若无拉出可能或强拉易损伤产道时，则应行剖宫产术。

③胎位不正　此类难产较少见，发生时多为横腹位及横背位。横腹位是胎儿横位，四肢突入产道，检查时可摸到胎儿四肢及腹壁，不易摸到胎头。助产方法：用手将胎儿前躯向里推，然后握住后肢将胎儿拉出。横背位是胎儿横卧，胎背朝向产道，检查时可能触到胎儿背部。助产时，若胎儿前躯靠近产道，应向前推后躯，然后握住胎头及两前肢慢慢拉出。如果胎儿后躯靠近产道，则向前推前躯，然后握住两后肢向外拉出。

④胎向不正　助产时应向产道灌注温肥皂水或油类润滑剂（凡士林、液状石蜡或甘油），以利矫正。在正生侧胎向或下胎向时，以手握两后肢，将胎儿扭转向胎向，然后慢慢拉出。如果胎儿头部已进入产道而扭转困难时，可将它推至骨盆入口前，则较易扭转成功。

⑤胎势不正　猪的颈部短粗，不易弯转，故胎头姿势不正的猪很少发生。前肢姿势不正的肩关节屈曲及肘关节屈曲，只要分娩正常，阵缩和努责有力，则不影响产出。如果已进入产道而矫正困难时，在推回胎儿后再行矫正并拉出。胎儿后肢姿势不正倒生时，可见到跗关节屈曲及髋关节屈曲。当跗关节屈曲时，可将手伸入产道，用食指和中指夹住另一后肢，将两肢跗关节握在掌中，慢慢拉

出。髋关节屈曲时，伸手入子宫内握住不正肢，即能将其拉出。

在整个助产过程中，要尽量避免产道损伤和感染，助产后必须给母猪注射抗生素药物，防止感染发病。母猪有不吃或脱水症状时，应及时补充5%糖盐水500～1 000毫升、维生素C 0.2～0.5克，一般可采用耳静脉滴注的方式给药。生产后应认真填写母猪产仔记录，并将难产症状做备注。

（8）**及时取走胎衣** 母猪分娩，通常每5～20分钟产出1头仔猪，产程2～4小时，仔猪全部产出后10～30分钟开始排出胎衣，也有边产边排的情况，排净胎衣需要2～7小时。胎衣排出后应立即从产栏中拿走，以免母猪吞食影响消化和养成吃仔恶癖。胎衣洗净煮汤，分数次喂给母猪，能促进母猪泌乳。产栏污染的垫草要清除，污染床面洗刷消毒。用温肥皂水、来苏儿或高锰酸钾溶液将母猪阴部、后躯和乳房擦洗干净。

（9）**观察记录** 母猪分娩结束后，饲养员要仔细检查胎衣数和胎儿数是否一致，观察是否真的产完，并如实填写各项报表，如产活仔猪数、健活数、弱仔数、死胎数、木乃伊数、是否难产等。

（三）分娩后的护理

1. 充足饮水 母猪分娩过程中体力耗费大，体液损失多，疲劳口渴，所以产后半小时，要鼓励其站起来，并充足供给加少许食盐的温水，最好喂给温热的豆粕水、麸皮汤或者小米汤，以补充体液，解除疲劳，也能避免母猪因口渴而吃仔猪。也可以少量喂给麸皮等易于消化的饲料，在产后3天内，每天在饲料或饮水中添加50克益母草干粉，有利于排出子宫内的分泌物。

2. 做好产房温度控制 产后母猪最适宜的温度为18℃～20℃，变化范围为16℃～22℃。

冬、春寒冷季节，产房内的温度控制在15℃～18℃，可以用暖气或煤炭升温，有条件的可以用暖风炉，既能提高温度还能交换空气，室内可以保持室温舒适、空气干燥、清新。仔猪区可采用保温箱并用电热板或红外灯加温，0～7日龄局部温度达到32℃～34℃，至少要保持在30℃以上，8～20日龄温度为20℃～28℃。

夏季炎热，有条件的猪场可以采用湿帘或纵向通风，特别炎热时采用滴水降温。

3. 母猪乳房的检查　产后1周的母猪要注意观察其乳房是否有"红、肿、胀、痛"现象，如有可以用长效土霉素等抗生素，乳房涂抹鱼石脂（皮肤破溃处不可涂抹）；对于高热、厌食的母猪，可以用抗生素加促进肠胃蠕动的药物；厌食但体温不高的母猪可每日灌注30克硫酸钠，并在饲料中添加青绿饲料1～2千克，有条件的猪场可以加强运动。

4. 仔猪情况观察　仔猪在出生后2～4小时必须哺乳，为提高弱小仔猪（体重小于0.7千克）的成活率，可采用分批吮乳技术，即先让弱小的5～7头仔猪作为一组，每次间隔2小时左右接近母猪乳房，其他仔猪作为第二组在保温箱内等待，交替轮流哺乳，吃完母乳后要放在保温箱内。如果发现有仔猪有恋母习性，喜欢紧挨着母猪躺卧，要将其用手轻柔驱赶至保温箱，连续做几次，直至形成习惯。

仔猪出生后2～3天开始补铁，1～3日龄伪狂犬疫苗滴鼻免疫，7日龄健康仔猪开始补料，12～15日龄给小猪去势。

哺乳仔猪极易发生腹泻，导致腹泻的环境因素有低温和潮湿，如因温度低导致的腹泻可通过保温灯、电热板等提高局部温度，仔猪环境潮湿无法干燥时可在潮湿地面撒生石灰，除湿还杀菌。母猪乳汁不足也会导致仔猪腹泻，此时需加强母猪管理，对母猪进行催奶，或将仔猪寄养给健康母猪。此外，导致仔猪腹泻的因素还有病毒、细菌传染等因素，需隔离并对症治疗。

三、分娩前后的营养需要

在母猪的整个泌乳期，母猪分泌乳汁330～400千克，平均每天产乳量5.5～6.5千克，要让母猪产乳性能好，需做好围产期的营养保健。母猪围产期在整个母猪繁殖周期中是一段相当特殊的时期，该阶段母猪生理特征变化巨大，对营养的需求也有其特殊性。如果不能处理好，不仅会影响到该窝仔猪的饲养成绩，严重者还会导致该头母猪的淘汰。

我国肉脂型猪饲养标准规定的泌乳母猪饲粮，每千克饲料（90% 干物质）含消化能 12 180 千焦、粗蛋白质 14%、钙 0.64%、总磷 0.44%、食盐 0.44%。体重 150～180 千克的母猪日喂干饲料 5.2 千克，含消化能 62.34 千焦、粗蛋白质 728 克。美国 NRC 猪的营养需要（修订第 10 版，1998 年）规定，每千克泌乳母猪料（90% 干物质）含消化能 14.280 兆焦、代谢能 13.615 兆焦、粗蛋白质 17.2%、钙 0.75%、总磷 0.6%（有效磷 0.35%）、食盐 0.36%，每头母猪每日干饲料饲喂量 5.25 千克，能量、蛋白质比我国规定的高。2012 年 NRC 对营养标准进行了修改（修订第 11 版，2012 年），引入了有效消化能和有效代谢能，泌乳母猪每千克饲料有效消化能和有效代谢能分别为 14 127 千焦和 13 761 千焦，代谢能提高，采食量由 5.25 千克变成 5.95 千克（估算采食量＋浪费），比 NRC（1998）有所提高。钙、磷需要量按照胎次和母猪失重规定更加细致。我国目前使用的标准为 2004 年的行业标注《猪饲养标准》，目前已经沿用 12 年，需要根据我国饲料原料数据库以及地方猪营养需要修改我国的猪饲养标准，是标准制定者需要努力的方向。

四、分娩母猪的饲养管理

（一）分娩母猪的饲养

1. 掌握投喂量 产前 2～3 天减料，产前 1 天适当饲喂，以支持分娩的能量消耗；产仔当天可不给料，可在饮水中给予少量氨基酸、多糖、维生素和矿物质等，促进母猪体力的快速恢复；产后 3～4 天不让母猪吃饱，5 天后逐渐加料，放开饲喂，促进尽量多吃（表 6-4）。

表6-4 母猪围产期投喂量

日 期	上 午	下 午	总 计
产前1～3天	1.0	1.0	2.0
生产当天		0.5	0.5
产后1天	0.5	0.5	1.0
产后2天	1.0	1.0	2.0
产后3～4天	1.5	1.5	3.0
产后5～6天	2.0	2.0	4.0
产后7～8天	2.5	2.5	5.0
产后10天	3.0	3.0	6.0

2. 饲喂次数 饲喂次数是影响采食量的重要因素，一般以日喂4次为好，夏季为上午5时、10时、下午5时和10时为宜，最后1餐不宜提前，这样母猪有饱腹感，可减少压死、踩死仔猪的情况，有利于母猪泌乳和母猪、仔猪的安静休息。

3. 饲喂方法及饮水 颗粒料比粉料好，尽量采用湿拌料饲喂，饲喂干料时必须提供充足饮水，饮水量与采食量呈正相关。饮水器必须保证有足够的出水量和速度。一般情况下，母猪更喜欢短时间内大量饮水，尤其是夏日炎热的时候。所以，可以在料槽中放满清水。有条件的可饲喂一些牧草、甜菜、胡萝卜等，经粉碎机粉碎后与饲料一起搅拌后饲养。泌乳期母猪饲粮结构要保持相对稳定，不要频变、骤变饲料品种，不喂发霉变质和有毒饲料，以免造成母猪乳汁改变造成仔猪腹泻。

（二）围产期母猪的管理及常见问题

母猪围产期是母猪管理的一个关键阶段，主要任务是提高仔猪的成活率和减少母猪产前、产后热及乳房炎、子宫内膜炎等状况的发生，以及充分利用母乳资源等。当母猪产仔过多、疾病、无乳或死亡时，仔猪需要寄养，能有效利用母乳资源，增加养猪业的经济效益。仔猪可在7日龄左右及时补饲，增加乳猪对干饲料的适应能力，提高断奶重。母猪围产期容易出现如下状况：

1. 母猪产前厌食 母猪产前不食是指母猪在妊娠末期发生的一种以饮食大幅度下降或不食而体温不高为特征的疾病。主要原因有：母猪分娩前内分泌功能紊乱、日粮营养不全或失衡、饲料变质、母猪运动不足、母猪体内死胎或木乃伊胎。母猪长时间不食可导致流产、死胎、产后无乳，甚至母、仔死亡。

2. 不正常恶露 母猪产后3～4天会有恶露属正常，但如果恶露时间长、浑浊、有异味，会造成母猪子宫炎、发热不食、泌乳量下降等症状。当母猪出现不正常恶露时，可以用生理盐水冲洗子宫，严重时加入适量抗生素治疗，如向子宫注射200万～400万单位青霉素、洗必泰等。全身症状严重时，使用抗生素或磺胺类药物进行肌内注射。患慢性子宫内膜炎的猪，可使用催产素等子宫收缩剂，促进子宫内炎性分泌物的排出，再用200万～400万单位青霉素加100万单位链霉素，混于高压灭菌的植物油20毫升注入子宫内。冲洗子宫可以每天1次或隔天1次。

3. 母猪产后不带仔 多见于初产母猪及患有急性乳房炎的母猪，仔猪只要一接触到乳房，母猪便站立起来，甚至撕咬、踏踩仔猪。解决方法为：将仔猪犬齿剪平，以防止咬痛母猪乳头；在母猪放乳前，进行人工乳房按摩，保持猪舍安静，再将仔猪放出来吃初乳，并防止仔猪争夺乳房；对于精神亢进并撕咬仔猪的母猪可肌内注射盐酸氯丙嗪4毫升，让母猪安静下来。

4. 母猪产后无乳或少乳 母猪产后无乳或少乳主要由以下几个原因造成：后备母猪配种过早，乳腺尚未发育成熟；母猪胎次过高，泌乳力差；饲喂方法不当导致母猪过肥或过瘦；长期饲喂营养价值不全或配制不合理的饲料，特别是低能量低蛋白质或缺乏某些微量元素、维生素；母猪临产时消毒不严格，发生阴道炎、子宫内膜炎、产后热等。解决方案：后备母猪配种时间不宜过早，可在母猪第三次发情时配种；胎次高的母猪可少带仔，仔猪可寄养至青年母猪，待断奶后即淘汰；调整母猪饲粮配方和饲喂方式，维持适宜膘情，若母猪过瘦可酌情加大饲喂量；母猪产前、产中、产后进行严格消毒，必要时注射消炎针剂，有人工助产母猪则应冲洗子宫，严防子宫炎症的感染。

5. 产后子宫脱出　长期营养不良或长期饲喂霉变饲料、运动不足、长期卧睡、助产不当等因素容易造成母猪产后子宫脱出。解决以预防为主，经常检查母猪日粮是否有霉变现象，若有霉变，应及时采取脱霉措施，在饲料中添加脱霉剂脱除饲料霉菌；母猪妊娠期加强运动量，严防长时间躺卧；人工助产时注意不要用力过猛，助产过后应及时采取消炎措施。若发现子宫脱出时，要先用消毒湿毛巾或纱布包好子宫，保护其免受损伤，再仰卧保定母猪，系好两后肢，吊在产床上，直至后躯离地，形成头低尾高，便于还纳。然后用温度适宜的生理盐水或 0.1% 高锰酸钾溶液清洗子宫，便于子宫收缩变小；子宫肿胀严重可用 3% 明矾液冲洗，脱出子宫涂抹青霉素粉。为克服母猪努责，可实施腹腔壁麻醉。从阴道部分开始，依次还纳子宫颈、子宫角，最后用粗缝线结节缝合阴门 2～3 针、术后连续滴注 3 小时抗生素，术者要充分洗手和手臂，并严格消毒，涂抹油性润滑剂。

6. 母猪产后瘫痪　母猪产后瘫痪多发生在仔猪断奶前后，母猪精神沉郁，食欲下降，泌乳减少，心跳加快，站立不稳，两后肢无力，走路摇摆，后期不能站立，两后肢呈"八"字形分开，又称产后风。大多是由于饲养管理不当，饲料中钙、磷不足或钙磷比例失调，运动和光照不足，圈舍潮湿等原因所致。

解决方法以预防为主，母猪哺乳期应合理搭配营养物质并补充矿物质、微量元素、维生素等，有助于体能恢复，减少产后瘫痪现象。母猪发生产后瘫痪后可静脉注射 10% 葡萄糖酸钙注射液 100～150 毫升，患肢肌肉深部注射普鲁卡因青霉素＋地塞米松、维生素 B_1 和维生素 B_{12}，每天 1 次，母猪日粮中添加矿物质、微量元素、维生素等，直至痊愈。瘫痪母猪不能自主饮水、采食，必须给予精心照顾，人工喂水、喂料，辅助其采食。

7. 母猪产后发热 母猪产后发热多发生在产仔后 3～7 天，体温升高至 40℃～41℃。由于母猪发热，食欲减退或废绝，使泌乳减少或停止，造成仔猪吃不饱而影响生长发育，甚至造成全窝仔猪死亡。造成母猪产后发热的原因主要有肺炎、胃肠炎、子宫内膜炎、乳腺炎等。

对于产后发热母猪的治疗要辨证施治，如果母猪体温偏高，但有食欲的病猪，可用青霉素 400 万～500 万单位、链霉素 100～200 单位、安痛定 20～30 毫升，肌内注射；或者头孢羟氨苄 3 克、安痛定 15 毫升、地塞米松 5 毫升，肌内注射，每日 2 次。对于体温高、食欲废绝的病猪，可用 5% 糖盐水 500～1 000 毫升、青霉素 400 万～500 万单位、维生素 C10 毫升、地塞米松 5 毫升，耳静脉滴注；或者 5% 糖盐水 500 毫升、10% 磺胺嘧啶钠注射液 20～40 毫升、5% 碳酸氢钠注射液 20 毫升，耳静脉滴注，每日 1～2 次。对于有肺炎咳喘症状的病猪要内服清肺止咳散 50～100 克，每日 2 次。患有胃肠炎的病猪，内服痢菌净粉 20～30 克或磺胺脒 20 片、碳酸氢钠 10 片，每日 2～3 次。呕吐严重者肌内注射溴米那普鲁卡因 6～8 毫升。患有子宫内膜炎的病猪，用生理盐水或 0.1% 高锰酸钾溶液冲洗子宫，然后注入 2.5% 恩诺沙星溶液 10 毫升、庆大霉素 5 毫升和氯霉素 5 毫升的混合液。乳腺炎病猪，灌服或拌料 100 克公英散，每日 1 次，连服 3～4 次。同时，要加强饲养管理，给母猪饲喂营养丰富、易于消化的饲料，做好圈舍卫生和消毒工作，控制产房温度，同时认真做好仔猪的护理，及时补喂或寄养，减少仔猪死亡。

8. 母猪低血钙症 母猪低血钙症多发于分娩后 1 周左右。开始表现体温基本正常，饮食减少，泌乳减少。3～4 天后，白毛母猪的腹侧部、腹下、乳房基部等处可见麻疹样的红色小块或小点，严重者可见其间歇性颤抖、抽搐，角弓反张，四肢呈游泳状划动，此时心律、呼吸减慢，最后会因其功能障碍衰竭而死，病程一般

7～10天。导致母猪低血钙症发生的主要原因有：饲料中钙磷比例失调；饲料中参与钙质消化吸收的维生素 D 含量不足；妊娠后期胎儿快速生长，消耗大量的钙，分娩后大量的钙进入初乳，导致母猪体内钙不足等。另外最新研究发现，随着母猪品种的不断改良，母猪对钙的需求增加，而传统钙、磷原料和维生素 D 都会受到吸收上限的制约，也会导致母猪缺钙。

9. 母猪低血糖症　母猪低血糖症常发生于分娩后 2～4 天。初期体温稍低为 37℃～37.5℃，多卧少动，少食少饮。后期饮食停止，俯卧不起，拒绝哺乳，心率、呼吸快而弱，最后因功能衰竭而死亡。通常会发现母猪和仔猪同时发病。致病原因有：饲料中的碳水化合物缺乏，合成糖原的原料不足，导致肝脏糖原储备量减少；母猪分娩时间过长，能量消耗过多；母猪分娩后大量的糖进入初乳等，导致血液中的糖含量低于正常水平而发病。

10. 母猪便秘　母猪便秘在猪场是十分普遍的现象，产前母猪基于天性急于造窝，一直处于紧张状态，加上环境改变、生理变化，多数母猪会出现严重的便秘问题。便秘给母猪造成很大影响，如难产、母猪产后无乳综合征（MMA）、乳汁变质诱发小猪黄白痢的发生等。解决母猪便秘的方法除了保证充足的饮水、尽量减少母猪应激外，还可以在饲料中添加一些帮助排便的物质，如蓬松性轻泻剂、渗透性通便剂、植物膳食纤维类产品等。

第七章
哺乳母猪的饲养管理关键技术

一、母猪泌乳规律和特点

母猪有乳头 6～8 对，每个乳头有 2～3 个乳腺团，每个乳腺团像一串倒置的葡萄，由乳腺泡和乳腺管组成，乳腺管汇成乳管网，最后由一个乳头管通向乳头。各乳头的乳腺相互独立，互不联通。母猪的乳池已极度退化，不能贮存乳汁，因此不能随时挤出奶水，母猪只有在受到仔猪的吃奶刺激时才会放乳。只有母猪放奶时仔猪才能吃到奶，母猪每天都有一定的放奶次数。猪乳的分泌在分娩后最初 2～3 天是连续的，这有利于出生仔猪随时都可以吃乳。母猪每天泌乳 20～26 次，每次间隔 1 小时左右，一般哺乳前期泌乳次数较多，随着仔猪日龄的增加泌乳次数逐渐减少；夜间相对安静，泌乳次数比白天多。每次泌乳时间全程 3～5 分钟，实际放奶时间仅为 10～40 秒钟。

日泌乳次数初产多于经产，一天中白天略多于晚间，产后 30 天泌乳次数开始逐渐减少，但每次放乳时间变化不大。一般情况下，最后 1 对乳头泌乳量最少，前几对乳头的泌乳量比后几对相对多些。

泌乳量在泌乳的不同阶段不同，一般分娩后母猪泌乳量逐渐增加，到 21～30 周泌乳量达到高峰，然后泌乳量逐渐下降。例如，长白母猪 60 天泌乳量为 618.88 千克，平均日泌乳量 10.31 千克，泌乳高峰在产后 25～30 天，日泌乳量最高可达 14.5 千克。因此，要提高母猪泌乳量，关键是提高前 30～40 天的泌乳量。

不同乳头的泌乳量不同，通常前面乳头泌乳量高，中间乳头泌乳量次之，后面乳头泌乳量最低。长白猪泌乳效应值最高的是第四对乳头，以下依次为 2，3，5，1，6，7。通过乳管调查，3 个乳管的多出现在前 2～4 对乳头，而 1 个乳管的只出现在 6～8 对乳头，导致不同位置的乳腺泌乳量不同（表 7-1）。

表 7-1　每对乳头占总泌乳量的百分比

所占百分比	第1对	第2对	第3对	第4对	第5对	第6对	第7对	合　计
%	22	23	19.5	11.5	9.9	9.2	4.9	100%

放乳过程仔猪饥饿需求母乳时，会不停地用鼻子摩擦揉弄母猪的乳房，一般经过 2～5 分钟后，母猪开始频繁地发出一种有点异常但有节奏的"吭、吭"声，这时从乳头里很快地分泌出乳汁，这就是通常所说的放乳。母猪每次放乳持续期非常短，最长 1 分钟左右，通常 20 秒钟左右，1 昼夜放乳的次数随分娩后天数的增加而逐渐减少。产后最初几天内，放乳间隔时间约 50 分钟，昼夜放乳次数为 24～25 次；产后 3 周左右，放乳间隔时间约 1 小时以上，昼夜放乳次数为 20 次左右。

初乳指母猪分娩后 1～3 天的乳汁，主要是产后 12 小时的乳汁。初乳营养丰富，是仔猪生长发育的良好营养来源；初乳中含有大量的免疫抗体，通过吃初乳可增强仔猪的抗病能力；初乳中含丰富的镁盐，具有轻泻性，可促进胎粪的排出；初乳酸度较大，对仔猪胃肠具有一定的保护作用。因此，仔猪出生后要尽快吃初乳。另外，不论是初乳或常乳，其成分随品种、日粮、胎次、母猪体况等因素有很大差异。初乳比常乳浓，干物质含量高，蛋白质含量高，尤以白蛋白和球蛋白（易被初生仔猪吸收）含量较高，蛋白质含量比常乳高 3.7 倍，而脂肪、乳糖及灰分则比常乳低（表 7-2）。

表7-2　猪的初乳和常乳成分的比较

项　目	水　分	蛋白质	脂　肪	干物质	乳　糖	灰　分
初乳（%）	77.79	13.33	6.23	22.21	1.97	0.68
常乳（%）	79.68	5.26	9.97	20.32	4.18	0.91

二、影响母猪泌乳量的主要因素

仔猪消化器官发育不健全，消化酶分泌不足，消化功能不完善。初生仔猪胃内仅含有凝乳酶，胃蛋白酶很少，仅为成年猪的 1/4～1/3，而且胃底腺不发达，不能分泌胃酸，由于缺乏游离盐酸，胃蛋白酶没有活性，不能很好地消化蛋白质，特别是植物性蛋白质。因此，初生仔猪只能吃奶而不能利用植物性饲料，母猪产奶量与奶的质量将直接影响到仔猪的生长发育。

如果母猪哺乳期泌乳力较低或无乳，则影响仔猪生长速度和健康水平，母猪泌乳性能受品种、母猪胎次、母猪饲养管理、猪群健康水平等因素的影响。

（一）品　种

猪场选择品种主要参考指标有繁殖性能、肥育猪的生长性能等，其中泌乳性能是繁殖性能最重要的指标之一。不同品种的母猪泌乳量具有明显的差异，瘦肉型品种如大约克猪的泌乳力优于杜洛克猪，法系、丹系品种泌乳力较好。在生产中要注意对个别泌乳性能差的母猪及时淘汰。一般二元杂交母猪的泌乳力显著高于纯种母猪或土杂交猪。

（二）母猪胎次

低胎次（1胎、2胎）母猪由于胃肠容积小、分娩生理应激较大，哺乳期采食量较小，导致泌乳性能较差。母猪乳腺的发育和泌乳能力，是随胎次增加而提高的。初产母猪的泌乳力一般比经产母猪要低，因母猪在产第一胎仔猪时，乳腺发育还不完全，第二、第三胎时，泌乳力上升，3～5 胎时泌乳力最高，六胎以后开始下降，高胎龄母猪生理接近使用年限，功能逐渐下降，泌乳性能相对较差。

（三）母猪带仔头数

母猪泌乳性能与产仔数，母猪带仔头数有密切关系，一般情况下，窝带仔多的母猪泌乳量也多。母猪乳头经仔猪吮吸可以刺激脑垂体后叶分泌生乳素而促进乳汁的分泌，对于未被仔猪吮吸的乳头，产后不久会出现萎缩现象，所以在母猪产后要调整母猪的带仔头数，以增加有效乳头的数量，提高母猪的泌乳力。猪乳腺的发育主要在泌乳期，母猪每一部分乳腺的发育和生理活动都是相对独立的。若初产母猪产仔量少，带仔不足 10 头，将会导致部分乳头在下一胎停止泌乳或减少泌乳量。此外，母猪乳房、乳头容易出现损伤，应采取措施避免损伤，防止因细菌感染引发乳房炎等疾病而影响泌乳。因而要保持母猪的泌乳性能，需做好如下工作：母猪产后及时调栏，以强弱大小分群，使每栏仔猪数达 10～11 头 / 窝为佳，确保每头母猪乳腺能得到足够仔猪的刺激，提高泌乳量。哺乳期随着哺乳时间的延伸（哺乳母猪采食高峰前），仔猪受哺乳母猪泌乳性能差异影响，所带仔猪要及时整窝调换，有利于仔猪生长需要和母猪乳腺发育。仔猪出生后，应尽早剪牙，确保仔猪吮乳时不咬伤母猪乳房。仔猪出生 2 小时内必须吃上足够的初乳，不低于 100 毫升 / 头，增强仔猪抵抗力，减少由于仔猪腹泻导致部分或全部仔猪丧失吮乳能力。

（四）饲养管理

饲养管理因素对母猪的泌乳力有很大的影响，饲料营养水平不但会影响母猪乳汁的分泌，还会影响奶的品质。母猪在妊娠期就要注重饲料中的营养成分及配比，不但要满足胎儿的发育，还要为产后的泌乳做准备，但是要注意保持合适的体况。如果母猪过肥，会影响乳腺的发育，过瘦则会导致母猪营养不良，产后出现无乳或少乳的现象。对于处于哺乳期的母猪，需要大量的营养来使产后恢复以及满足泌乳的需要，要根据母猪的泌乳量来调整营养的供给。一般，哺乳期营养状况良好的母猪产奶量高，营养较差的母猪产奶量低，要注意营养的提供不能过量，因为乳汁分泌过多会导致母猪患乳房炎。日常管理对母猪的泌乳力也有很大的影响，如饲喂次数的改变、舍内卫生条件差、环境嘈杂、母猪受到惊吓等，都会降低母猪的泌乳量。

（五）母猪膘情

母猪膘情是营养供给状况最重要的外在表现，与母猪泌乳性能有重大关系，母猪过肥导致妊娠后期血脂浓度偏高，脂肪容易以游离的形式进入乳腺的蜂窝组织，引发乳腺管被脂肪堵塞，造成母猪泌乳性能不佳或者泌乳障碍。母猪过瘦，母猪哺乳期大量动用机体储备，个别母猪可能因过瘦而使乳腺干涸，到哺乳高峰期时，仔猪所需营养急剧增加，母猪泌乳很难维持较高的泌乳量，哺乳母猪过度消耗机体储备，对母猪下一个繁殖周期有较为严重的影响。例如，母猪利用年限，断奶发情时间间隔，产总仔、健仔指标，母猪泌乳性能等。有报道指出，保持母猪最佳的繁殖性能是使母猪躯体成分在繁殖周期的任何阶段变化减少到最低限度。因此，保持母猪群合理的膘情，对猪场的生产有至关重要的作用。据推荐，脂肪储备的最低限是背膘水平为 10 毫升，低于此下限的母猪将不再动用自身的体储。

保持母猪群良好膘情的措施：猪场根据使用的饲料营养水平，确定不同猪群喂料标准，重点抓妊娠期猪群的饲喂。喂料时确保猪群每头母猪采食与标准喂料量差异在合理范围内。喂料时做到快（投料速度快）、准（投料量与标准误差小）、齐。

以周为生产周期，对妊娠母猪、哺乳母猪进行膘情评估并记录，区分过肥过瘦的母猪，集中饲养管理，实行挂牌标记处理，由专人负责评估确定调膘喂料量，并定期检查督促评估调膘效果。调膘工作要把握时机，对妊娠母猪而言，妊娠后期攻料之前调膘，对母猪繁殖、产总仔、健仔数、分娩仔猪健康度均无明显消极影响，即妊娠 30～83 天调膘较合适，调整幅度依据猪群情况在 0.2～0.8 千克 / 头·天。

三、提高母猪泌乳量的主要技术措施

（一）促进乳腺发育

促进全部有效乳腺发育，保持泌乳力的猪乳房腺状组织是在母猪两岁半以前发育起来的，乳腺的发育主要在泌乳期，母猪乳腺每一部分的发育和活动都是完全独立的，与相邻部分并无联系。仔猪出生后习惯吮吸固定乳头，一直到断奶。被吮吸的乳头能够得到充分发育，而没有得到吮吸的乳头则会萎缩而停止泌乳活动。若初产母猪产仔量少，只有 7～8 头，让某些仔猪一开始就养成哺用 2 个乳头的习惯，使所有有效乳头得到充分发育，这样才可能提高和保持母猪一生的泌乳力。

（二）提供优质饲料

在母猪哺乳期，给泌乳母猪提供优质的全价饲料，保证蛋白质、能量以及各种维生素和钙、磷等营养的平衡，同时要保证饲料的质量，无发霉变质，适口性好，易消化。有条件的，可喂一些动物性蛋白质饲料，尤其是产仔后 30 天内的泌乳高峰期。另外，泌乳期的母猪可以适当地多饲喂新鲜的青绿多汁饲料，如胡萝卜、白菜、大头菜、地瓜等，可以有效防止母猪便秘，这对促进泌乳量有显著的作用。

（三）保持良好的饲养环境

研究证明，泌乳期总采食量与母猪泌乳性能及之后的繁殖性能呈正相关。母猪整个泌乳期或泌乳期某阶段采食量低，则很可能导致断奶时窝仔数较少，且易发生断奶后乏情。提高泌乳期采食量，关键是要调节哺乳期母猪合理的上料速度和泌乳高峰期料量。

生产实践证明，提高母猪采食量是提高泌乳量的关键。适宜的饲养环境对提高采食量有很大的帮助。一方面，要求猪舍干净、明亮、温湿度适宜，通风良好。另外，要做好夏天的防暑降温和冬天的防寒保暖工作。尤其是夏天的高温，直接影响母猪的采食量。现在猪场较为普遍的降温方式有风机＋湿帘，湿帘负压通风模式；房顶使用保温隔热材料，有部分猪场还增加了风扇和屋面喷水降温。夏季高温时猪舍温度不要超过30℃，保证猪舍合理通风无死角，杜绝高温高湿环境。

（四）母猪健康因素

规模猪场养殖环境较严峻，具有饲养密度大、防疫压力大、高强度运转等特点。猪场要保持稳定生产，必须确保猪群健康。猪场可以通过定期使用中西药保健、提高各种重大疫病免疫质量、供给充足的营养饲料来提高母猪健康度。特别指出的是，规模猪场疫苗免疫日渐频繁，由于预处理措施不当，造成猪群应激偏大现象时有发生，对母猪泌乳有较大的负面影响。为预防该问题发生，需要在母猪免疫前做好相关抗应激工作。

四、哺乳母猪的营养需要

泌乳母猪的营养策略是保证母猪有充足的养分来分泌足够的乳汁，同时降低体重损失。在制订泌乳母猪营养技术方案时，不仅要考虑母猪在泌乳全程的生理代谢和乳汁产出需要，还要根据仔猪的生长特点考虑其营养需要。母猪的泌乳量和仔猪的生长速度在泌乳早期都处于较低水平，随着泌乳期的延长而不断增加。泌乳 7～10 天后，母猪分泌的乳汁已不能满足仔猪的最大生长需要；只有通过提高母猪泌乳量才能进一步提高哺乳仔猪生长速度。因而，相应的营养措施（包括饲粮营养水平和采食量）都应根据泌乳量这个生产性能指标进行制定。哺乳母猪营养需要主要参考我国 2004 饲养标准和 NRC2012 饲养标准。

五、哺乳母猪的饲养管理要点

母猪哺乳期间体重下降 15%～20%。为了提高泌乳力，防止母猪断奶时失重过大，哺乳母猪不应采取限制饲养方式。提高哺乳母猪日粮的适口性，增加饲喂次数，少喂勤添，日喂 3～4 次。食欲旺盛的母猪要充分饲养，但注意不要造成过食。哺乳母猪的饲料不宜改变，以免引起消化道疾病。母猪在断奶前 2～3 天，应逐渐减少母猪的饲喂量。对于带仔猪多的母猪，要充分饲养，防止饲料不足，母猪膘型过瘦；对于带仔少的母猪，要适当控制饲喂量，防止断奶时膘型过肥。

母猪分娩前后处于生理特殊时期，自身免疫力低下，易遭到大量微生物的侵害，加之产仔失血和体力消耗，易引发产后疾病，如产后热、产后不食、便秘、尿闭、产后缺乳、瘫痪等疾病，若不积极采取一些有效的防治措施，会严重影响母猪的使用价值。因此，母猪产后要精心护理，随时观察其采食、饮水及体温变化，重视饲养管理和预防工作。

六、提高母猪年产胎次技术

猪的繁殖是养猪生产中的重要环节。繁殖率的高低与母猪年产胎数、胎产仔数和仔猪成活率有密切关系，其中年产胎数是关键环节。从理论上说，每头母猪年产 2.5 胎，但在生产中往往达不到这个水平，因此提高母猪年产胎次的关键是早期断奶和母猪发情受胎率。

养猪发达国家仔猪一般在 3 周龄左右断奶，我国一般在 4 周龄左右断奶。仔猪的免疫系统在 3 周龄左右开始发育产生抗体，而此时哺乳母猪的子宫基本得到恢复。因此，仔猪早期断奶不仅可缩短母猪的哺乳时间，从而提高母猪的年产仔数、提高分娩舍利用率、降低仔猪的生产成本，而且能阻断某些传染病的传播。仔猪早期断奶的关键点是给断奶仔猪提供易消化吸收的饲料。仔猪断奶料通常采用喷雾干燥血浆蛋白粉、酸制剂、酶制剂以及高比例添加的乳清粉（乳糖）、氨基酸和鱼粉等。而豆粕等植物性原料则需采用膨化工艺等进行加工处理。

提高母猪发情配种的关键是对母猪发情的鉴定、适时配种、母猪妊娠鉴定。

第八章

空怀母猪的饲养管理技术

哺乳母猪在仔猪断奶后，直至发情配种为止的阶段叫空怀期，这段时期的母猪称为空怀母猪。空怀期相对于母猪整个生产循环来说是比较短暂的，母猪断奶后即进入空怀期，4～7天后大多数母猪发情配种，有些母猪在7～10天也完成配种，只有少数母猪由于个别原因发情延迟。

生产中对空怀母猪的饲养往往重视不够，错误地认为空怀母猪不妊娠又不哺乳，随便喂喂就可以了，其实不然。对空怀母猪实行良好的饲养，可促进空怀母猪发情排卵；空怀时间的延长不但造成经济损失，而且打乱生产周期。因此，必须重视对空怀母猪的饲养管理。

一、空怀母猪的饲养管理

养好空怀母猪的目的是促使其正常发情、排卵、参加配种，最后能成功受胎。养母猪不同于养公猪可以通过检查精液品质来评价饲养效果，母猪发情可以看得见，但母猪排卵看不到，只能通过母猪的体质膘情来推断饲养效果。实际生产中，一般要求母猪在配种前应具有一个良好的繁殖体况。所谓的繁殖体况，是指母猪膘情不肥不瘦。俗话说，"空怀母猪七八成膘，容易怀胎产仔高"。母猪偏肥偏瘦都不利于发情配种，将来会出现发情排卵异常或产仔泌乳异常。

1. 减料干乳 仔猪断奶前几天母猪还能分泌相当多的乳汁（特别是早期断奶的母猪），为了防止断奶后母猪患乳房炎，在断奶前、后各 3 天要减少饲料供应，同时添加一些粗饲料充饥，使母猪尽快干奶。

2. 分群饲养 要根据体况合理分群合群，断奶母猪实行小群饲养，每栏饲养 3～5 头为宜，不要过多，以免影响观察发情。混群前 2 天要专人看管，以防打架。空怀母猪小群饲养既能有效地利用建筑面积，又能促进发情，特别是当同一栏内有母猪发情时，由于爬跨和外激素的刺激，可以诱导其他空怀母猪发情。

3. 短期优饲 断奶后 2～3 天，实行短期优饲，有利于母猪恢复体况和促进母猪的发情和排卵。断奶母猪干奶后，由于负担减轻食欲变旺盛，此时应多给营养丰富的饲料，并保证充分休息，可使母猪迅速恢复体力。此时日粮的营养水平和供应量要与妊娠后期相同，如能增喂动物性饲料和优质青绿饲料更好，可促进空怀母猪发情排卵。对极少数过于肥胖的母猪，不必进行短期优饲，应限饲并加强运动，使其减膘，促使发情配种。

4. 环境控制 空怀母猪要求环境干燥、清洁、温湿度适宜、通风状况良好。夏季高温天气在运动场安装遮阳网、湿帘等降温措施，冬季注意通风换气，保持空气新鲜。不得鞭打、追赶及粗暴对待母猪。

5. 观察发情，适时配种 通常母猪断奶后很快就会发情，其发情出现的时间平均为断奶后 5 天，最早的为 2 天，最迟的为 15 天。母猪断奶后推迟发情或不发情，又称母猪断奶后乏情，是指经产母猪在仔猪断奶后 15 天内不能正常自然发情，甚至超过 30 天还未出现发情或母猪经久不再出现发情。这是目前瘦肉型品种及其二元杂交母猪中普遍存在的繁殖障碍问题，而且在规模化猪场中表现得更为突出。

6. 积极治疗，坚决淘汰 母猪患有生殖道疾病时，尤其是高产母猪，应及时诊断治疗。无治疗价值的母猪应及时淘汰。

确定淘汰猪最好在母猪断奶后或者空怀期进行，确保该淘汰母猪不进入下一个配种期。空怀母猪的淘汰原则如下：

①母猪的使用有一定的年限，通常要淘汰已连续产6胎的母猪，如果母猪的母性、产仔数量、哺乳质量等特别好，可以延长淘汰时间，但最长不能超过9胎。依胎龄结构，种猪群中各产次母猪的比例要保持稳定，1～8产次母猪的理想比例结构分别为20%、18%、17%、16%、14%、10%和低于5%。

②淘汰连续2胎以上产仔数少于7头仔猪的母猪，但初次配种体重太轻、妊娠期过度饲喂、哺乳期失重过多、断奶体况差的母猪不包括在内。

③仔猪断奶后14天以上，经过合群、放牧运动、公猪诱情、补料催情，连用激素处理后2个月仍不发情的母猪。

④淘汰受胎困难或经配种3～4个发情周期才受胎以及多次配种仍不能受胎的母猪。

⑤淘汰泌乳能力差，具有无效乳头或无乳少乳，经过催乳后仍不能正常哺育仔猪的母猪。淘汰母性不强，拒哺、弃仔、食仔，并屡教不改的母猪。

⑥淘汰生产畸形胎（疝气、隐睾、单睾、锁肛）、木乃伊胎等有遗传缺陷仔猪以及后代生长速度、胴体品质等指标均低于平均值的母猪。

⑦母猪患有乳房炎、子宫炎、阴道炎，泌乳能力下降，经药物处理而久治不愈的母猪。

⑧淘汰连续2次以上流产的母猪及难产、子宫收缩无力，产仔困难，需要人工助产的母猪。

⑨淘汰患有肢蹄疾病或肢蹄受伤产生障碍，有关节炎、行走困难或不能正常行走的母猪，以及患病15天以上未能恢复的母猪。

⑩患过病毒性传染病的母猪要及时淘汰，最好母猪每年3～4次按胎次进行常规血清学检测，淘汰野毒呈阳性的母猪，或加强免疫抑制排毒和再感染。

二、空怀母猪的营养需要

为使母猪多胎、高产、保持良好的哺育性能和正常的发情、排卵，在此期间需要供应较全面的营养物质，其中特别需要供给一定数量的蛋白质、维生素和矿物质等饲料。空怀母猪的饲料配方要根据母猪的体况灵活掌握，主要取决于哺乳期的饲养状况及断奶时母猪的体况，使母猪既不能太瘦也不能过肥，断奶后尽快发情配种，缩短发情时间间隔，从而发挥其最佳的生产性能。为了提高配合饲料营养水平，断奶空怀母猪生产营养需要推荐一般高于 NRC 的标准。生产上，空怀期母猪的饲养通常作为哺乳期母猪饲养的延续，一般饲喂哺乳母猪日粮。空怀母猪日喂料量 3～3.5 千克，分 2 次饲喂。过肥、膘情过大的母猪可适当少喂，过瘦母猪自由采食。配种后日喂量立刻减至 2～2.25 千克。夏季饲喂湿拌料，冬季饲喂干粉料。不得饲喂发霉变质、冰冻和刺激性强的饲料。

三、提高母猪产后发情率

（一）母猪产后不发情的原因

如果哺乳期母猪饲养管理得当、无疾病，膘情也适中，大多数在断奶后 1 周内就可正常发情配种，但在实际生产中常会有多种因素造成断奶母猪不能及时发情。

1. 后备母猪初配年龄过早　刚进入初情期的青年母猪，虽然其生殖器官已具有正常生殖功能，但并不是说此时就可以正式配种受胎了。因为后备母猪过早配种受胎，不仅会导致初产仔少，仔猪初生重小、断奶重小和成活率低，而且还会影响母猪本身的增重，成年后，其体重明显小于同龄母猪（一般小猪 25～40 千克）。这种体重偏小的母猪，产仔断奶后发情明显推迟，有的甚至经久不再发情。

2. 母猪过肥　有些母猪哺乳期泌乳量低、带仔少；也有猪场用高蛋白质高能量日粮饲喂，不限量饲喂，直至断奶时体重不减，体内沉积了大量脂肪，造成母猪卵泡发育停止而不能正常自然发情。对于膘情较好的，断奶前几天仍分泌相当多乳汁的母猪，为防止断奶后母猪患乳房炎，促使干奶，在母猪断奶前、后各 3 天减少精饲料的饲喂量，可多补给一些青粗饲料。3 天后膘情仍过好的母猪，应继续减料，可日喂精饲料 1.8～2.0 千克，控制膘情，促其发情。

3. 母猪过瘦　在正常情况下，母猪经历一个泌乳期，体重都有不同程度下降，一般失重的比例为 15%～25%，这并不影响母猪断奶后正常的发情配种；但是，如果日粮营养水平低，泌乳量又大，带仔过多，母猪断奶时就会异常消瘦，体重下降超过 60～70 千克，母猪断奶后发情配种会明显推迟或经久不再发情。对于断奶时膘情差的母猪，不必减料，断奶后即开始适当加料催情。

4. 卵巢功能失调　卵巢功能失调是常见的繁殖障碍，主要是由于卵泡囊肿、黄体囊肿、永久性黄体而引起的。卵泡囊肿会导致其丧失排卵功能，但仍能分泌雌激素，使得母猪表现发情延长或间断发情；黄体囊肿多出现在泌乳盛期，或近交系中，或老龄母猪中，使得母猪出现乏情；持久黄体会导致母猪不发情。

5. 用料不科学　有些猪场不是使用母猪专用饲料，而是选用生长肥育猪饲料饲养母猪，尽管饲养成本要低一些，但饲养时间稍长就会带来很大危害，导致母猪发情和排卵失常：母猪长期缺乏维生素和矿物质，特别是维生素 A、维生素 E、维生素 B_2、硒、碘、锰等，使母猪不能按期发情排卵。

6. 季节影响　母猪是多周期发情家畜，可以常年发情配种。但在夏天炎热的季节（6～9 月份）仔猪断奶后 7 天，母猪发情率较其他季节要低 15%～25%，尤其是初产母猪又比经产母猪低 20%～30%。瘦肉型品种及其二元杂交母猪对高温更为敏感，夏季气温在 28℃以上会干扰母猪的发情表现，降低采食量和排卵数；夏季持续 32℃以上高温时，很多母猪会停止发情。

冬季通风少，舍内空气污浊，氨气、甲烷、硫化氢等有毒气体增多，可使母猪发情不正常，配种妊娠后产仔少，死胎增多。

7. 生殖系统异常 母猪在分娩时产道损伤、胎衣未排干净或死胎残存，子宫弛缓时恶露滞留，难产时手术不洁，人工授精时消毒不彻底，配种时公猪生殖器官或精液内含有炎性分泌物；或母猪患有卵巢炎、布氏杆菌病或其他微生物感染引起的母猪生殖系统发生炎症。这些疾病的因素均可造成母猪发情推迟或不发情。

8. 霉菌毒素的影响 近年来，造成母猪屡配不孕的一个重要原因是霉菌毒素中毒，主要是饲喂发霉玉米，危害最大的是赤霉烯酮F2 和 T2，可引起母猪出现假发情，即使真发情，配种难受胎，妊娠母猪流产或死胎。

（二）提高母猪产后发情率的措施

1. 正确掌握青年母猪的初配适期 实践证明，瘦肉型品种及其二元杂交母猪，初配适期不早于 7 月龄，体重不低于 110 千克。一般在后备母猪第二次或第三次发情时，进行配种是合理的。

2. 预防霉菌毒素中毒 因霉菌毒素引起的屡配不受胎，要从饲料原料着手，玉米的质量控制至关重要；玉米的贮存要保持干燥、通风，防止发霉；对饲料进行霉菌毒素的检测化验；饲料中添加优质脱霉剂；饲料发霉后立即停止使用，补充维生素和添加葡萄糖解毒。

3. 改善饲养环境 夏季注意防暑降温，舍温升至 30℃以上时，可于上午 11 时和下午 3 时、6 时和夜间 9 时给空怀母猪身体喷水 1 次。但当空气湿度过大，采用喷水降温一定要配合良好的通风。据报道，采用滴水降温的母猪日采食量增加 0.7～1 千克，整个泌乳期母猪少失重 10～15 千克。有条件的可以采用湿帘降温，效果理想。低温季节，保温和通风，不能顾此失彼。

4. 防治原发病 坚持做好乙型脑炎、猪瘟、细小病毒病、蓝耳病、伪狂犬病等疾病的防治工作；对患有生殖器官疾病的母猪给予及时治疗；不用发霉变质饲料；对出现子宫炎的母猪，用 0.1% 高锰酸钾 20 毫升，或 50 毫升蒸馏水 +800 万单位青霉素 +320 万单位链霉素，或庆大霉素 20 毫升 + 蒸馏水 50 毫升，冲洗子宫，清除渗出物，每天 2 次，连续 3 天。同时，肌内注射律胎毒 2 毫升，孕马血清 10 毫升，维生素 E 2 支，维生素 A 2 支，促进发情排卵。

5. 饲养管理 做好以下关键环节。

（1）**运动** 每天上午将母猪赶出圈外运动 1～2 小时，可促进新陈代谢，改善膘情。母猪接受日光的照射，呼吸新鲜空气，有利于母猪发情排卵，如能与放牧相结合则效果会更好。

（2）**换圈** 把久不发情的母猪调到有正在发情的母猪圈内，经发情母猪的爬跨刺激，促进发情排卵，一般 4～5 天即可出现明显的发情。

（3）**光照** 由于光照时间短、强度弱，导致母猪性激素分泌不足不能正常发情，通过加强光照强度、延长光照时间来促进母猪性激素的分泌，促进母猪的发情。可在猪舍安装 100 瓦灯泡，高度离地 1 米，光照 16 小时。

（4）**乳房按摩** 乳房按摩分为表层按摩和深层按摩两种。表层按摩方法是在乳房两侧、前后反复按摩，产生的刺激通过交感神经引起脑垂体前叶分泌促卵泡成熟激素，促使卵巢上的卵泡发育和成熟，卵泡分泌雌激素使母猪发育。深层按摩方法：在每个乳房周围用 5 个手指捏摩，所产生的刺激通过副交感神经引起脑下垂体前叶分泌促黄体生成素，从而促使卵泡排卵。方法是在每天早饲后，表层按摩 10 分钟，当母猪发情后，改为表层和深层各按摩 10 分钟。交配当天早晨，进行深层按摩 10 分钟。

6. 公猪诱导法

①猪场管理者牵引试情公猪追逐久不发情的母猪（15～20 分钟每次，连续 3～4 天），公猪分泌的外激素气味和接触刺激，经过神经反射作用，可引起母猪脑下垂体分泌促卵泡激素，促使母猪发情排卵。此法简便易行，是一种有效方法。

②连日固定时间段播放公猪求偶声录音磁带，利用条件反射诱

情，这种生物模拟的作用效果也很好。

③用种公猪当天的尿液洒于麻袋上，置母猪栏内，利用公猪的特有气味刺激母猪分泌性激素。

④公猪精液按1:3稀释后，取1～3毫升喷于母猪鼻端或鼻孔内，每天1次，连用2天，经2～6天表现发情，受胎率达85%以上。

⑤母猪诱情喷雾剂是一种商业化的公猪气味信息素，能够刺激母猪提前发情，缩短母猪空怀期，增强繁殖能力。此外，母猪诱情剂还能判断母猪是否发情，降低年轻母猪之间的相互攻击行为和紧张状态等作用。

7. 激素或药物催情

①三合激素促情：其组分为每毫升含苯甲酸雌二醇1.5毫克、黄体酮12.5毫克、丙酸睾丸酮25毫克。辅料为注射用油。给母猪一次肌内注射3～4毫升三合激素，一般2～4天有97%以上的母猪发情，发情母猪有60%～70%可受胎。如发情配种未受胎的母猪则21天后便可自然发情。在母猪配种前半小时每头母猪肌内注射促排卵素2号40微克，可提高产仔数37%。

②孕马血清促性腺激素及绒毛膜促性腺激素：对断奶后久不发情的母猪，每头一次肌内注射孕马血清促性腺激素250～1000单位、绒毛膜促性腺激素500单位，1天后将有80%以上的母猪发情，配种后有90%可受胎。

③氯前列醇可有效地溶解不发情母猪卵巢上的持久黄体，使母猪出现正常发情，每头母猪一次肌内注射2毫升（0.2毫克）。

④促卵泡素，800～1000单位一次肌内注射，4天左右即出现发情症状，随后注射绒毛膜促性腺激素1000单位，以促使排卵，然后配种。

以上药物，根据当地药源和价格任选一种。具体用法和药量以说明书为准。

8. 中药物催情

①催情促孕散，本品具活血化瘀、催情促孕、温宫补肾之功；

能刺激母猪子宫内膜恢复，加快卵巢发育，促进卵泡素分泌，促使母猪及时发情，增加排卵数量。混饲时每 100 克拌料 100 千克，每日 1 次，连用 3 天，重症加倍；混饮时每 100 克兑水 200 升，每日 1 次，连用 3 天，重症加倍。

②对久不发情的母猪也可采用中药催情。如淫羊藿 150 克、益母草 150 克、丹参 150 克、香附 150 克、菟丝子 120 克、当归 100 克、枳壳 75 克，干燥粉碎后按每千克体重 3 克拌在母猪饲料中，每天 1 次，连用 2～3 天，3～4 天后部分母猪可发情。市售的中药催情散也有一定的效果。

③阳起石 50 克、益母草 70 克、当归 50 克、赤芍 40 克、菟丝子 40 克、淫羊藿 50 克、黄精 50 克、熟地黄 30 克，加水煎 2 次，混合成 2～5 千克，分 3 次服用。

④当归 45 克、生黄芪 45 克、王不留行 60 克、通草 24 克、炒麦芽 60 克、生神曲 30 克。水煎，一次喂完，每天 1 剂，连服 2～3 剂。

四、缩短母猪非生产天数的技术措施

母猪进入繁殖猪群后，我们希望母猪能够实现高效生产，即按照正常的生理周期开始"配种—妊娠—产仔—哺乳—断奶—再配种"的生产过程，各生产环节间紧密相扣，尽量缩短胎间距，争取多生几胎，每胎多生仔猪，以获得最大经济效益。因此，母猪从进入繁殖群到淘汰的时间按是否处于生产状态可以分为两个状态，即生产天数和非生产天数。生产天数是指母猪处于妊娠和哺乳状态的天数，一般包括妊娠期和哺乳期，其余时间则称之为非生产天数（NPD）。

我国母猪的非生产天数（NSP）平均在 50～80 天，而先进的技术可以做到 15～20 天。缩短母猪的非生产天数，意味着提高了母猪的年生产力，对现阶段我国养猪业具有重大的经济效益和社会效益。

（一）何为母猪非生产天数

母猪非生产天数（Nonproductive sow days，NPSD），是指进入繁殖群内任何一头生产母猪和超过适配年龄（一般设定在230日龄）的后备猪没有妊娠、没有哺乳的天数。一般来说，将产后5～7天的断奶再发情间隔称为正常非生产天数，而将断奶后发情延迟、返情以及流产所导致的生产间隔均称之为非正常非生产天数。非生产天数是评价繁殖群生产效率最关键的指标。

根据上述定义得出母猪非生产天数的计算公式如下：

NPSD ＝ 365－［母猪年产胎数×（妊娠天数＋哺乳天数）］

按照理想值进行计算，如果群体的平均断奶再发情间隔即正常非生产天数为5天，非正常生产天数为0天，哺乳期为28天，则可计算出理想值的年产胎数为：年产胎数 ＝ 365 /（114+28+5+0）＝2.48胎。

假定某猪场的年产胎数为2.2胎，妊娠天数与哺乳天数分别为114天、23天，则该猪场母猪群体的非生产天数按照如下公式计算：非生产天数 ＝ 365－［2.2 ×（114+28）］＝ 52天。

（二）非生产天数的经济效益损失

无效饲养天数直接导致的结果就是成本的上升，假设非生产期间的母猪每天耗料2.5千克（3.2元/千克），假定饲料成本为总成本的70%，则母猪单天的效益损失为：单天直接经济损失 ＝（2.5 ×3.2）/ 0.7=11.4元。

国外生产厂商对于母猪非生产天数的直接经济损失为2美元/头·天，基本与国内持平，那么简单算出一个1 200头母猪场每增加1天非生产天数造成的直接经济损失是2 400美元，即是15 000元。

如果将这些非生产天数转换为母猪的实际生产天数创造生产效益，则效果更为可观。即母猪的非正常天数转换为妊娠天数所创造的价值，假定母猪单胎提供商品猪数为 10 头，商品猪净利润为 300 元计算，则单天造成的机会损失利润为：

单天机会经济损失 $=300 \times 10 / (114+28) = 21.13$ 元

如果将一个 1 200 头母猪的猪场非生产天数由 50 天降低为 40 天，则可创造的机会利润（按照母猪提供商品猪 10 头 / 胎，商品猪净利润为 300 元计算）为：

$$[365 / (114+28+40) - 365 / (114+28+50)]$$
$$\times 1 200 \times 10 \times 300 = 376 030 \text{ 元}$$

（三）母猪非生产天数与猪场生产水平

母猪非生产天数计算较为简单，但却能反映出一个规模猪场的生产水平。周彦飞（2013）在盘点 2012 年母猪繁殖效率时对不同猪场的繁殖效率进行了比较（表 8-1）。母猪年均产仔 1.8 窝的平均每头初生仔猪成本为 263 元，而产 2.4 窝的猪场平均每头初生仔猪的成本为 197 元，母猪平均产仔窝数提高了 0.6 窝，生产成本减少了 66 元，生产成本降低了 25%。而 1 000 头母猪的产仔数却增加了 5 700 头，即提高了 33%。可见，非生产天数降低，除了可增加年产窝数、相同产量下减少母猪饲养量、增加经济效益外，更反映了猪只健康、营养水平，饲喂制度等猪场综合管理和运营水平。非生产天数的降低是猪场各生产环节共同作用合力的结果，凡是非生产天数低的猪场都具有较高的生产水平，在养猪生产中都具有值得总结和借鉴的经验。

表 8-1 四家猪场母猪繁殖效率比较

场 别	繁殖母猪（头）	年均胎次（胎）	分娩健仔数（头）	头均初生仔猪成本（头）
猪场 1	1 000	1.8	17 100	263
猪场 2	1 000	2.0	19 000	236

续表 8-1

场 别	繁殖母猪（头）	年均胎次（胎）	分娩健仔数（头）	头均初生仔猪成本（头）
猪场3	1 000	2.2	20 900	215
猪场4	1 000	2.4	22 800	197

数据来自周彦飞，盘点2012年养猪之母猪繁殖效率，养猪科学，2013，63-64.

我们都惊叹于养猪业发达国家母猪的窝产（活）仔数和断奶仔猪数，将高产的原因主要归结于母猪产仔数高，而忽略了对其生产过程的详细剖析。如在2004年，丹麦部分猪场就达到了母猪年平均提供断奶仔猪数30头以上的生产水平，其各生产环节的生产水平如下：窝产活仔数14头，断奶前死亡率10.5%，平均窝断奶仔猪数12.5头，配种后返情率4.1%，平均每窝的非生产天数为10天，平均哺乳期25天，分娩率90.6%，母猪年产窝数为2.43。丹麦猪场平均每胎的非生产天数为14.9天，而我国猪场平均非生产天数在60天以上，故年产窝数平均仅为1.85，年提供断奶仔猪数也仅有16.5头。

（四）如何有效降低非生产天数

1. 保证优良的后备猪利用率 严格来说，后备猪应在180天左右入繁殖群（根据场内规程以及部分管理软件的设置），而后的25～30天开始陆续发情配种，如何更好地完成诱情、查情及配种工作，既能保证后备猪最大比例的进入繁殖群（95%～98%），同时尽可能少的出现后备猪返情是保证非生产天数降低的关键。

2. 缩短断奶至再配时间间隔 加强哺乳母猪的饲养，缩短断奶至配种间隔天数。研究表明，断奶母猪的体况与断奶至配种间隔天数存在密切关系，加强哺乳期间母猪的管理，尽量减少母猪哺乳期间体重损失是缩短断奶至配种间隔天数的关键，可通过细致的饲喂管理，以及改善环境来降低这方面的影响。切记，哺乳期间的饲喂原则是在不浪费的前提下，尽可能地保证产后7天的母猪采食量最大化。

母猪断奶到下次配种期间要采取短期优饲催情，给予足够的营养以刺激其发情排卵。对于断奶后超过 10 天不发情的母猪，应用 PG 600 等药物催情也是减少非生产天数的方法之一。还可以加强母猪的运动、公猪诱情等来刺激其发情。

3. 保证有效的配种工作及精液质量　做好猪的查情及配种工作是非常重要的，要严格按照猪场操作规程进行；同时，在配种期间尽可能地模仿公猪的生理特性，给予母猪最大化的刺激。另外，一定要保证配种公猪的精液质量，确保精子活力和精液密度，以保证较高的母猪配种率，减少返情比率，提高单产数量。输精人员要确保人工授精操作的规范性，提高配种的准确率，减少返情率。

4. 及时发现复情母猪并再配　对于一个正常返情的母猪，错过第一次返情最少会造成 21 天的非生产天数，在管理上这是不能允许的。将配种后母猪的查情作为每日的例行工作，尤其对于配种后 18～23 天的母猪，让 1 头成年公猪与该区域的母猪进行充分的鼻吻接触，在这项工作上一定要留出充分的时间与耐心，因为 70% 以上的返情都是在这一阶段发生的。另外，在配种后 16～25 天，也要观察母猪有没有分泌物和黏液排出。选择有经验的技术人员每天进行检查，必要时应该借助 B 超仪进行妊娠检查，确保对空怀母猪的及时处理。临床上经过一段时间的培训及经验累积完全可以掌握。

5. 注意母猪的生活环境　如果是圈养，一定要注意圈养密度，减少猪只打斗的概率。赶猪时要小心，不要驱赶、打骂。注意观察妊娠母猪的日常生理变化，加强饲养管理，不可饲喂被霉菌毒素污染的饲料，以减少流产发生的可能。

6. 减少后期流产及死亡率　中后期的流产以及死亡对于经济利益的损失是最大的，生产上施行精细化的管理以最大限度地减少该类情况的发生。

7. 及时主动有效淘汰不理想母猪　正常来说，实行断奶后的淘汰是最为经济的，但如有下列情况时，也应该及时主动淘汰：后备

母猪 300 日龄以上未出现发情症状的，断奶后空怀天数超过 45 天以上的，流产 2 次或以上的，经产母猪连续 2 胎平均胎产 8 头以下的，6 胎龄以上母猪连续 2 胎平均哺育母猪 8 头以下的。

8. 将减少配种母猪 NPD 作为考核猪场工人的一个优先指标　如今，为了激励技术员、饲养人员和兽医的积极性，大部分猪场实行绩效考核。可将减少母猪非生产天数作为猪场工人考核的一个优先指标，因为非生产天数的多少，取决于母猪繁殖中各环节、各工种的精密配合。

第九章
仔猪的饲养管理技术

一、哺乳仔猪的生理特点

哺乳仔猪生长发育快和生理上不成熟，从而使仔猪难养、成活率低。哺乳仔猪消化器官不发达，特别是胃肠不发达，消化功能不完善。仔猪出生时胃内仅有凝乳酶，胃蛋白酶很少，由于胃底腺部缺乏游离盐酸，胃蛋白酶没有活性，蛋白质消化利用率低，特别是植物性蛋白质。仔猪肠腺和胰腺发育比较完善，胰蛋白酶、肠淀粉酶和乳糖酶活性较高，食物主要是在小肠内消化。

哺乳仔猪体温调节功能不完善，体内能源储备有限，每100毫升血液中血糖含量为100毫克，血糖水平下降幅度取决于环境温度和初乳摄入量。大脑皮层发育不全，协调能力差。

哺乳仔猪消化器官不发达，消化器官相对重量和容积较小，胃的重量4～8克，占体重的0.44%，容积为30～40毫升。胃容积和重量随日龄的增长而迅速扩大，20日龄时，胃重35克左右，容积120～160毫升，扩大3～4倍，小肠长度增加5倍，容积扩大50～60倍。哺乳仔猪食物通过消化道的速度较快，食物排空的时间短，15日龄时约为1.5小时，30日龄为3～5小时，60日龄为16～19小时。

仔猪出生时缺乏先天免疫力，10日龄后自身产生抗体，但是30～35日龄前数量还很少。因此，3周龄以内哺乳仔猪免疫能力差，此时胃液内又缺乏游离盐酸，对随饲料、饮水等进入胃内的病原微生物没有消灭和抑制作用，因而仔猪容易患消化道疾病。

二、哺乳仔猪的营养需要

乳猪是指出生后到断奶的仔猪。该阶段仔猪主要依靠母乳生活，采食饲料很少。母乳的营养全面而且易于消化。但是，随着母猪窝产仔数的增多和仔猪生长速度的加快，母乳越来越不能满足仔猪营养的需要。通常母猪产后3周左右，母乳已不能满足仔猪最大增重的营养需要，因此应尽早补料，乳猪饲料配方应具备以下特点。

一是营养成分充足全面。

二是适口性好。乳猪爱吃带奶香和甜味的饲料，为使仔猪能及早吃料，应在料中加诱食剂。

三是易消化。乳猪饲料应选择易消化吸收的原料，如全脂奶粉、乳清粉等。另外，添加复合酸化剂，激活乳猪胃肠中的消化酶；添加复合酶制剂，补充乳猪消化酶分泌不足。一些饲料原料，如大豆、饼粕等，膨化处理后既易消化，又带香味，效果较好。

四是防病促生长。乳猪对饲料的消化能力差，很容易导致腹泻；有些饲料原料（如豆粕）中有过敏原，能使小猪肠道因过敏而发生病灶，引起腹泻；乳猪免疫系统没有发育完善，抗御病菌和不良条件的能力差，也容易发生各种疾病和腹泻，故一般乳猪饲料中都添加抑菌促生长剂。

三、哺乳仔猪的饲养管理

哺乳期是仔猪发育最快、物质代谢最旺盛、消化和体温调节功能不完善、免疫力差和对营养不全最敏感的时期，也是幼猪培育的最关键环节。哺乳仔猪死亡率高达10%～25%，特别是出生后7天内的死亡数最多，占断奶前死亡数的65%左右。要想提高养猪生产的经济效益就必须提高哺乳仔猪的成活率，因此必须做好以下环节。

（一）环境控制

1. 控制环境温度

（1）**温度要求**　母猪分娩舍温度应控制在20℃～25℃，空气相对湿度控制在70%左右，仔猪保温箱内温度第一天应控制在34℃～35℃，以后每天下降0.5℃～1℃，1周后可降至28℃～30℃，以防止初生仔猪受凉。2周龄后，环境温度的温差也不能太大。为了消除分娩舍的湿气、异味及母猪的热应激，必须给予通风，保证产房舍内空气新鲜。

仔猪适宜的环境温度为，1～3日龄为30℃～32℃，4～7日龄为28℃～30℃，8～15日龄为25℃～27℃，16～27日龄为22℃～24℃，28～35日龄为20℃～22℃，36～60日龄为18℃～20℃。在低温环境中，仔猪会散失大量的体热，易发生低血糖病。可以先把舍内温度控制在24℃左右，然后在仔猪保温箱内安装红外线保温灯。仔猪出生后第一周，保温箱内的温度应保持35℃，第二周为31℃，第三周为27℃，第四周为24℃。

（2）**增温措施**　根据生产实践，可以采用以下措施增加温度。

①塑料棚增温法　即用塑料扣成大棚式猪舍，利用太阳辐射增高舍内温度，投资少，效果好，北方冬季养猪多采用这种形式。按塑料薄膜层数，可分为单层塑料棚舍和双层塑料棚舍；根据猪舍排列，可分为单列塑料棚舍和双列塑料棚舍；还有半墙式塑料棚舍和种养结合塑料棚舍等。

以半墙式塑料棚舍为例，从猪舍前缘连接运动场部分开始，建设0.8米高的墙体，沿墙顶加设拱形塑料棚，根据饲养规模，既可一圈一棚，也可多圈设一棚，将运动场扣在棚内；脊形棚猪舍：将猪圈顶部和两侧各以木杆固定成脊形棚架，然后扣上塑料薄膜，使整个猪圈置于棚内。无论采取槽形或脊形，在棚顶部都留一个活动通气孔，用以调节温度，便于排出有害气体。

②红外线灯增温法　采用笼养仔猪，在仔猪卧床高 40～50 厘米处悬吊 150～250 瓦红外线灯泡 1 只，使床温保持在 30℃左右，用木栅栏或其他材料把仔猪隔开，可以每 2 窝仔猪共用 1 只灯泡。灯泡高度，随仔猪日龄增长而逐渐提高，或逐步减少照射时间，掌握适宜的温度。

③保温灯、保温箱、电热板法　有条件的养猪场（户），特别是规模化养猪场，多采用这种方法。在舍内放置节能电热板，根据仔猪对温度的要求来调节电热板的温度，保温效果好。也可在仔猪保温箱内设置保温灯，较多采用的是进口飞利浦（Phillip）养猪用保温灯，多用 100～175 瓦灯泡。将灯泡吊在仔猪躺卧处，通过调节高度来控制温度。

④垫草保温法　农村小型养猪户多采用此法。挤塑板或苯板垫是建筑中常用保温材料，挤塑板价格较高，在牲畜饲养上多用苯板保暖。用编织袋包上苯板铺在保温箱地面上，然后再垫草，厚度应在 10 厘米以上，有很好的保温作用。采用这种方法应训练仔猪养成定时定点排泄的习惯，以使垫草保持干燥。

2. 控制环境湿度　产房内湿度过大，容易孳生病原微生物，增加母仔患病机会。最理想的产房空气相对湿度为 55%～60%。在实际生产中，夏季容易出现高温高湿现象，冬季则容易出现低温高湿现象，在保证舍内正常温度的前提下，进行合理的通风，不仅可以排出舍内的湿气，还可以排出舍内的有害气体。

（二）确保仔猪尽快吃足初乳

1. 让每只仔猪吃足初乳　仔猪饲养管理关键是确保每个新生仔猪吃到充足的初乳。初乳是母猪分娩后最初分泌的乳汁。仔猪及时吃足初乳，可以增强体质和抗病能力，提高对环境的适应能力，促进排胎便，有利于消化道活动。

为了确保所有的仔猪吃到初乳，饲养员应经常观察刚出生仔猪，帮助虚弱的仔猪接近母猪乳头并吮吸母乳。常用方法有"分批吮乳"，即在乳猪出生后不久，将半数乳猪从母猪身边移走，置于暖温干燥的箱子内，另一半仔猪在母猪旁吮乳，两批乳猪轮流放在母猪旁，使每头乳猪都可以最大限度地吮吸初乳。另一种方法是给吮乳不足的虚弱乳猪口服（用小注射器）冷冻的初乳。目前，从市场上可以买到含抗体和高能物质的代乳料，让乳猪口服这些产品可能会减轻仔猪对母猪初乳的依赖。不会吮乳的仔猪可以先口服 10% 葡萄糖，之后用注射器灌服 10 毫升初乳，然后人工辅助吃奶。

2. 固定乳头　仔猪有专门吃固定乳头的习性。仔猪出生后 2～3 天，应进行人工辅助固定乳头。固定乳头是一项细致的工作，宜让仔猪自选为主、人工控制为辅，每次吃奶时，都坚持人工辅助固定，经过 3～4 天即可建立起吃奶的位次，固定乳头吃奶。

固定乳头的原则是：为使仔猪能专一有效地按摩乳房和不耽误吃奶，一头仔猪专吃一个乳头；为使全窝仔猪发育整齐，宜将体大强壮的仔猪固定在后边奶少的乳头，体大仔猪按摩乳房有力，能增加泌乳量，应将较弱仔猪固定在前边奶多的乳头。

当一窝仔猪个体间差异不大、有效乳头足够时，出生后 2～3 天绝大多数能自行固定奶头。如果一窝仔猪个体间差异大，应重点人工辅助固定体大和体小的仔猪，中等体重仔猪可不予干涉。每次哺乳时重点辅助体小的仔猪在前边固定乳头吃奶，看住体大仔猪不要串到前边来，对个别争抢严重的个体可先不让它吃奶，只在放乳时才放到固定乳头。如此每次哺乳时都坚持人工辅助，经过 2～3 天基本可使全窝仔猪哺乳固定乳头。

（三）寄养与并窝

寄养关系到仔猪断奶重和出栏的整齐度，一般产仔当天进行。把仔猪寄养给奶水充足、产期相近的母猪喂养，并做好寄养记录。减少营养不良和饥饿问题，寄养是非常有效的措施。如果猪场发生传染病，如繁殖与呼吸综合征时，不宜寄养。

寄养时应做好以下几点：先用来苏儿水喷洒寄养母猪、被寄养仔猪，消除异味；寄养应在傍晚进行；产期尽量接近（不超过3天），否则难以成功；寄养的仔猪必须吃过初乳；保姆猪泌乳量要高。

（四）防止踩压

初生仔猪被踩致死原因主要有：①初生仔猪体质较弱，行动迟缓，对复杂的环境不适应；②母猪产后疲劳，或母猪肢蹄有病痛，起卧不方便；③也有个别母猪母性差，不会哺育仔猪；④产房环境不良、管理不善。

防踩压措施主要有：①设母猪限位架，即产房内设排列整齐的分娩栏，分娩栏的中间部分是母猪限位栏，供母猪分娩和哺育仔猪，两侧是仔猪吃奶、自由活动和补饲料的地方。②保持环境安静，产房内防止突然的响动，防止闲杂人等进入，去掉仔猪的獠牙，固定好乳头，防止因仔猪乱抢乳头造成母猪烦躁不安、起卧不定，可减少踩压仔猪的机会。另外，产房要有专人管理，夜间要值班，一旦发现仔猪被压，立即轰起母猪救出仔猪。

（五）适时补料

母猪泌乳量在分娩3周后会逐渐下降，随着仔猪快速生长，母猪泌乳量逐渐满足不了仔猪营养需要，如果不及时补料，就会影响仔猪发育。

仔猪补料一般从5～7日龄开始。仔猪出生后6～7天开始长牙，牙床发痒，爱吃东西，给些饲料让它自由啃食，可防止啃咬垫草、泥土而产生消化不良、腹泻等疾病。仔猪常规补料应根据母猪的哺乳能力而定。通常在5～7日龄时，给仔猪料槽内放入少许干净、新鲜的乳猪料诱食，也可将乳猪料放在干净的地面上，让仔猪效仿母猪采食，投喂量要由少到多。

饲料形态和适口性、环境温度是仔猪认料开食的重要前提，训练方法有多种，可利用仔猪出外活动时，让日龄大、已开食的仔猪诱导采食，或在饲喂母猪时在地面上撒些饲料让仔猪认食。最有效的方法是强制补料，仔猪 7 日龄时，定时将产床的母猪限位区与仔猪活动区封闭，在仔猪补料槽内加料，仔猪因饥饿而找寻食物，然后解除封闭让仔猪哺乳，短期内即可达到提前开食的目的。

四、哺乳仔猪死亡的原因分析

在生产中，哺乳仔猪的死亡率比较高，在生产管理比较差的猪场死亡率更高。哺乳仔猪死亡的原因较多，主要原因见表 9-1。

表 9-1　哺乳仔猪死亡原因

死　因	比例（％）	死　因	比例（％）
压　死	44.8	畸　形	3.8
弱　死	23.6	咬　死	1.1
饿　死	10.6	其　他	5.7

由表 9-1 可以看出，压死、弱死、饿死的仔猪占总死亡的约 80%。

由表 9-2 可以看出，哺乳仔猪在出生后第一周内的死亡率约 76%，而前 3 天又占了第一周死亡率的 70%，因此，在前 3 天饲养工作重点是降低死亡率。

表 9-2　死亡时间分析

死亡时间	死亡率（％）	死亡时间	死亡率（％）	死亡时间	死亡率（％）
0 天	24	3 天	6	1 周	76
1 天	16	4 天	7	2 周	18
2 天	13	5 天	5	3 周	6

五、仔猪早期断奶技术

1993 年以后，美国养猪业开始试用一种新的养猪方法，称之为隔离早期断奶技术（Segregated Early Weaning SEW）。这种方法使养猪生产得到了很大的提高，其核心技术在母猪分娩前按常规程序进行免疫注射，仔猪出生后保证吃到初乳后按常规免疫程序进行免疫，10～21 日龄断奶，然后在隔离条件下进行保育饲养。保育仔猪舍要与母猪舍及生产猪舍分离开，隔离距离根据条件从 250 米至 10 千米。

成功应用 SEW，能取得良好的生产和经济效益：提早断奶，可使母猪尽快进入下一个繁殖周期，保证了断奶后的母猪及时提前配种和妊娠，从而提高了母猪繁殖率（表9-3）；让仔猪尽早远离母猪舍，防止母猪生产场环境中经常存在的某些疾病对仔猪的威胁，将仔猪运到环境状况得到严格控制的保育舍饲养，减少了仔猪发病机会，降低了腹泻等疾病的发病率，提高了仔猪的成活；保育舍实行全进全出制度，并给断奶仔猪配制专用早期断奶饲料，保证了仔猪所需营养，提高了仔猪抗病力，保证了仔猪的快速生长。

表 9-3　断奶时间对母猪繁殖率的影响

项　目	35 日龄断奶	42 日龄断奶	60 日龄断奶
试验母猪头数	20	20	20
繁殖周期（天）	156.25 ± 1.64	164.42 ± 1.66	182.08 ± 1.61
下胎产仔数（头）	12.17 ± 1.40	12.92 ± 1.75	12.05 ± 1.76
产活仔数（头）	11.33 ± 1.11	11.92 ± 1.26	11.17 ± 1.07
初生窝重（千克）	16.13 ± 1.04	16.13 ± 1.43	15.79 ± 1.64
年产胎次	2.34	2.22	2

（一）SEW 技术的核心

母猪在妊娠期免疫后，对一些特定病原产生的抗体可以垂直传给胎儿，使仔猪在胎儿期间就获得一定程度的被动免疫。

初生仔猪必须吃到初乳，使之产生并增强自身的被动免疫力。

按常规免疫程序为仔猪接种，使之产生并增强其自身抗病力的主动免疫力。

在仔猪 3 周龄左右，其体内的被动免疫抗体消失之前，进行断奶，并将其移到清洁且具有良好隔离条件的保育舍饲养。保育舍实行全进全出管理，有利于减少患病机会。

饲喂早期断奶仔猪配合饲料，保证仔猪良好的消化和吸收与平衡的营养成分，有利于提高抗病力。

断奶后保证母猪及时配种及妊娠。

（二）SEW 的饲养管理措施

1. 断奶日龄的确定　主要是根据所需消灭的疫病及饲养单位的技术水平而定。一般情况下 16～18 日龄断奶较好（表 9-4）。

表 9-4　不同病原的断奶日龄

疾　病	最大断奶日龄
放线杆菌病	20
副猪嗜血杆菌病	13
支原体病	9
猪繁殖与呼吸综合征（PRRSV）	9
伪狂犬病毒（PRV）病	20
沙门氏杆菌病	11
流行性腹泻（TGE）	20

2. 仔猪饲料　采用 SEW 技术对断奶仔猪的饲料要求较高。仔猪饲料分成 3 个阶段：第一阶段为教槽及断奶后 1 周；第二阶段为断奶后 2～3 周；第三阶段为断奶后 4～7 周。第一阶段饲料含粗蛋白质 20%～22%，赖氨酸 1.38%，消化能 15.4 兆焦 / 千克；第二阶段饲料含粗蛋白质 20%，赖氨酸 1.35%，消化能 15.02 兆焦 / 千克；

第三阶段饲料含蛋白质与第二阶段相同，但消化能降到 14.56 兆焦 /千克。第一阶段用乳清粉或血浆蛋白粉等，第二阶段不要饲喂血浆蛋白粉、膨化全脂大豆、优质鱼粉等，第三阶段需要添加乳清粉、优质鱼粉。

3. 饲养管理 在乳猪开食前，将饲料放在诱食槽中，进行诱食，待仔猪采食后再进行常规饲喂。采用全进全出方式，保证舍内通风良好和充足、清洁的饮水。

六、断奶仔猪的饲养管理

（一）合理提供饲料营养

由于保育猪的消化系统发育仍不完善，生理变化较快，对饲料的营养及原料组成十分敏感，因此在选择饲料时应选用营养浓度、消化率都高的日粮，以适应其消化道的变化，促使仔猪快速生长，防止消化不良。由于仔猪的增重在很大程度上取决于能量的供给，仔猪日增重随能量摄入量的增加而提高，饲料转化效率也将得到明显的改善；同时，仔猪对蛋白质的需要也与饲料中的能量水平有关，因此能量仍应作为断奶仔猪饲料的优先级考虑，而不应该过分强调蛋白质的功能。

保育猪在整个生长阶段生理变化较大，各个阶段生理特点不一样，营养需求也不一样，为了充分发挥各阶段的遗传潜能，应采用阶段日粮，最好分成三个阶段。第一阶段：断奶到 8～9 千克；第二阶段：8～9 千克到 15～16 千克；第三阶段：15～16 千克到25～26 千克。第一阶段采用哺乳仔猪料；第二阶段采用仔猪料，日粮仍需高营养浓度、高适口性、高消化率，消化能 13.79～14.21 兆焦 / 千克，粗蛋白质 18%～19%，赖氨酸 1.20% 以上；在原料选用上，可降低乳制品含量，增加豆粕等常规原料的用量，但仍要限制常规豆粕的大量使用，可以用去皮豆粕、膨化大豆等替代；第三阶段，此时仔猪消化系统已日趋完备，消化能力较强，消化能 13.38～13.79 兆焦 / 千克，粗蛋白质 17%～18%，赖氨酸 1.05% 以上；原料选用上完全可以不用乳制品及动物蛋白（鱼粉等），而用去皮膨化豆粕等来代替。

饲料更换时应逐步过渡。仔猪转入保育舍后前 1 周饲喂哺乳仔猪料，第 2 周开始转为保育仔猪料。为减少饲料更换给仔猪带来的应激，换料采取逐渐更换饲料，用 4～5 天的时间将饲料改换过来。

仔猪转入保育舍后的前 5 天进行限制饲喂，防止仔猪因过食而引起的腹泻，这个时期饲料应遵循勤添少加的原则。一般断奶后 3 天采食量较少，第三天猛增，这时注意限饲，以每天 300 克 / 头为宜。饲料仍然使用哺乳期的高档仔猪料，1～2 周后逐渐更换成保育期仔猪料。

（二）加强管理

仔猪断奶期间，生长受阻，并且疾病发生率显著升高，其中断奶后腹泻发生率为最高，死亡率约为 5%。仔猪断奶期间，只要管理得当，仔猪死亡率很低，几乎接近于零。为了提高母猪生产力和降低生产成本，仔猪早期断奶已经成为当代集约化养猪生产工艺流程的重要环节。为了减小应激，应加强断奶仔猪的管理。

1. 降低断奶应激　为减少断奶应激，断奶仔猪的管理要做到"四不两细"。"四不"指不换圈、不混群、不换料、不换人。不换圈：断奶时采用"移母不移仔"，即将母猪赶走，仔猪仍留在原圈内饲养，在一个熟悉的环境中度过断奶关；不混群：仔猪断奶后应尽量保持原群体不变，不要混群饲养，以免仔猪互相打架，影响吃食和休息，甚至致伤或致死；不换料：断奶后第一周的饲料应与哺乳期相同，以后逐渐换成断奶仔猪料，使仔猪有个适应过程，对饲料的种类、营养水平不应做太大的调整，可在饲料中添加一些抗应激剂（如维生素、矿物质、抗生素等）；不换人：断奶仔猪很胆小，见了陌生人会四处乱跑，所以不能更换饲养员。"两细"指细心观察和细致饲养。细心观察：断奶后第一周要特别注意观察仔猪的行为变化，看仔猪吃食、饮水、排粪、呼吸和睡眠等是否正常，确属患病的应及时找兽医治疗，避免因粗心大意而误诊。细致饲养：断奶后仔猪处在应激状态，需要精心饲养。断奶后的头几天仔猪食欲减退，甚至完全废绝。

少喂勤添。断奶后4～5天要适当控制仔猪的采食量，防止消化不良而腹泻，断奶仔猪1昼夜喂6～8次，以后逐渐减少。保持饲料、饮水清洁，经常打扫圈舍，保持舍内干燥卫生。仔猪断奶后3周进行驱虫。

2. 仔猪断奶后的特殊护理　仔猪断奶后1～10天，往往精神不安，食欲下降，增重缓慢。为了较好地度过这一阶段，应采取"两维持，三过渡"的措施。"两维持"是指维持原圈饲养，维持断奶前的饲料和饲养方式；"三过渡"是指对饲料、饲养制度和环境要逐渐过渡。

（1）饲料过渡　仔猪断奶后，要维持原来的饲料15天内不变，以免影响食欲和引起疾病。15天后逐渐改喂肥育期饲料。断奶仔猪正处于身体迅速生长的阶段，要喂给高营养水平的饲料。断奶后继续饲喂断奶前饲料，并保持18%～20%的粗蛋白质水平、15.15兆焦/千克的消化能，以满足仔猪的营养需要，防止饲料突然变化给仔猪造成不适。以后需要更换饲料，需循序渐进地进行。利用脱脂奶粉、乳清粉、乳糖、喷雾干燥血浆粉、优质鱼粉、膨化大豆等易消化吸收的原料配制饲料，并在饲料中适当添加酸化剂、酶制剂、高铜高锌、诱食剂，甚至药物饲料添加剂等。日粮中添加阿莫西林、金霉素可预防细菌性疾病，利于营养成分的吸收。

（2）饲养制度过渡　仔猪断奶后15天内，每天饲喂的次数应比哺乳期多1～2次，这主要是加喂夜食，免得仔猪因饥饿不安。每次的喂量不宜过多，以七八成饱为度。根据每次采食状况，改变投料多少。日喂4次比日喂3次好。第二次喂食前，如料槽中还有少量饲料，且不成堆，则表明上顿投喂量适中；若槽底舔净，并有唾液，则说明上顿喂量过少，应增加喂量；若料槽内有较多的剩料、则表明上顿喂量过大，要适当减少。粪便软硬及颜色正常，则投喂量合适；圈内有少量粪堆，呈黄色，粪中有未消化的饲料细颗粒、酸臭，则为个别仔猪过食，投喂量应减为上次的70%～80%；粪便呈病状、淡灰色、腥臭，并有未消化的饲料颗粒，则为全窝仔猪腹泻的征兆，应停喂1顿，下次喂量减半，并及时投服抗生素或中草药（如大蒜、马齿苋、白头翁等）加以预防。

（3）**环境过渡** 仔猪断奶后最初几天，常表现精神不安、鸣叫，寻找母猪。为了减轻仔猪的不安，最好仍将仔猪留在原圈，也不要混群。在调圈分群前3～5天，使仔猪同槽吃食，一起运动，彼此熟悉。再根据性别、个体大小、吃食快慢等进行分群，每群多少视猪圈大小而定。应该让断奶仔猪在圈外保持比较充分的运动时间，圈内也应清洁、干燥、冬暖、夏凉，并且进行在固定地点排泄粪尿的调教。刚断奶仔猪对低温非常敏感。一般仔猪体重越小，要求的断奶环境温度越高，并且越要稳定。

（4）**预防仔猪消化道疾病** 断奶后仔猪由吃母乳改变为独立吃料生活，胃肠不适应，很容易发生消化不良，所以断奶的前1周适当控制喂料量，如果哺乳期是按顿喂，则断奶后前15天每天饲喂次数仍保持与哺乳期相同，以后逐渐减少，至3月龄可改为日喂4次。

（5）**供足饮水、保持卫生** 缺水会影响仔猪食欲和消化吸收，加重断奶应激。不能以调和饲料的水代替饮水。一般5千克体重的小猪，每天自然饮水量不低于0.8～1.2升。供足饮水的同时要防止仔猪饮水过多，以免仔猪大量排尿造成猪台潮湿而引发仔猪疾病。饮水应清洁。圈舍内要保持干燥卫生。

七、提高保育猪成活率的技术措施

保育仔猪是指仔猪断奶后（28日龄或21日龄）至70日龄左右的仔猪，28天断奶对仔猪打击十分明显，一般7天才能恢复生长，而 21 天断奶一般 3 天就能恢复生长，断奶后产生的不良反应称为断奶综合征。

为了提高保育仔猪成活率，快速恢复生产，饲养管理应做好以下工作。

（一）网床饲养

仔猪网床培育是养猪发达国家 20 世纪 70 年代发展起来的一项现代化仔猪培育新技术，是将断奶后的仔猪由地面饲养转到高架网床上饲养，经推广应用已获得了良好的培育效果。

高架网床饲养断奶仔猪的优点：仔猪离开地面，网床上铺橡胶垫或者木板等，减少冬季地面传导散热的损失，提高仔猪的健康水平；由于粪尿、污水能随时通过漏缝网格漏到地面，减少了仔猪被污染的机会，床面清洁、干燥，能有效遏制仔猪腹泻病的发生和传播。高架网床能提高仔猪的成活率、生长速度、个体均匀和饲料利用率，为提高养猪水平打下良好的基础。

高架网床饲养可以提高仔猪的生产水平。据报道，断奶仔猪从 28～70 日龄网床饲养相对地面饲养平均日增重提高 50 克，提高 15%；日采食量提高 70 克，提高 12.6%（表 9-5）。

表 9-5　网床饲养和地面饲养对断奶仔猪生长速度的影响

项　目	加温饲养		不加温饲养	
	网上饲养	地面饲养	网上饲养	地面饲养
开始体重（千克）	7.15	7.24	7.05	7.24
结束体重（千克）	17.47	16.29	17.27	15.73
平均日增重（克）	346.5	301.7	340.6	282.6

据报道，哺乳仔猪 35 日龄断奶个体重 8.6 千克，比地面饲养提高 1.47 千克（提高 20%）。高架床断奶成活率为 90.6%，比地面饲养提高 22% 左右；70 日龄左右的成活率约为 97%，比地面饲养提

高 15% 左右。

（二）保育期饲料的配制

保育仔猪对饲料要求相对较高，在先进的集约化养猪场，采用 3 段饲养法，即分 21～35 日龄、35～42 日龄、42～70 日龄 3 个阶段，3 个阶段分别用 3 种不同饲料。在保育阶段，特别是在 42 日龄前，饲料要求易消化吸收、适口性好，饲料原料常用乳清粉、喷雾干燥血浆蛋白粉、膨化大豆等。

（三）改善保育舍饲养环境

随着规模化程度越来越高，保育猪的疾病也越来越复杂化，成活率越来越低。生产实践表明，改善保育猪舍的环境是提高保育猪成活率的重要措施。目前，比较有效的经验如下。

1. 小单元饲养，全进全出　为提高保育猪成活率，设计猪场时常采用小单元饲养方式。根据猪场生产节律，确定小单元饲养量。出栏后，该单元彻底清洗消毒，空圈 2～3 天后再进下一批次的仔猪，以切断保育猪之间的交叉感染。保育舍消毒应注意：用高压水泵冲洗地面、栏杆、用具、房顶和四周墙壁；用 2% 火碱水喷洒地面、墙壁，保持 3 小时，然后用水冲洗；空圈通风晾干后，用过氧乙酸雾化消毒，消毒后封闭门窗一个晚上；晾干后再进另一批仔猪。

2. 保持干燥，少用水冲　猪舍冲洗尽量少用水，用生石灰等铺撒地面是一种较好的方法。

3. 采用适宜的通风方式　二氧化碳、一氧化碳和氨气含量过多是规模化猪场的通病，是引起仔猪呼吸道疾病的重要诱因。特别是在冬季，猪场为保温，紧闭门窗。北走道、房顶无动力通风设计等。北走道对阻挡冬季寒冷的北风，有很好的作用，可以使南向的小单元温度提高 3℃～5℃。也可以采用地暖或电热板提高圈舍的温度。

4. 适当控制饲养密度　在仔猪阶段，适当提高饲养密度，可以节约面积，每头仔猪的面积为 0.3～0.4 米^2。

第十章
母猪常见疾病的防控

一、繁殖母猪的消毒防疫技术

　　繁殖母猪的卫生消毒是规模化养猪场疾病防控中的一个重要环节，通过科学、合理、有效的卫生消毒，可切断传染病的传染途径，降低场内病原体的密度，减少养殖场和猪舍病原微生物的数量，净化生产环境，为繁殖母猪建立良好的生物安全体系，促进猪群健康，减少或避免疾病的发生，提高养猪生产效益。

（一）母猪的消毒技术

　　1. 母猪猪舍大消毒（指全进全出的猪舍消毒） 转群后舍内进行大消毒。空怀舍、妊娠舍、产房等每批母猪调出后，要求猪舍内的母猪必须全部出清，一头不留，对猪舍进行彻底消毒。消毒药可选用过氧乙酸（1%）、氢氧化钠（2%）、次氯酸钠（5%）等。消毒后需空栏 5～7 天才能进猪。

　　消毒程序：彻底清扫猪舍内外的粪便、污物、疏通沟渠→取出舍内可移动的设备（料槽、垫板、电热板、保温箱、料车、粪车等），洗净、晾干或置阳光下暴晒→舍内的地面、走道、墙壁等处用自来水或高压泵冲洗，栏栅、笼具进行洗刷和擦拭→闲置 1 天→自然干燥后能喷雾消毒（用高压喷雾器），消毒剂的用量为 1 升/米^2，要求喷雾均匀，不留死角→最后用清水冲洗消毒机器，以防腐蚀机器。

2. 母猪舍带猪消毒 当某一猪舍发生传染病时，对可疑被污染的场地、物品和同圈的母猪进行的消毒。要求消毒剂对人、畜安全、无公害。消毒药可选用新洁尔灭（1%）、过氧乙酸（1%）、二氯异氰尿酸钠等。

消毒程序：准备好消毒喷雾器→测量所要消毒的猪舍面积，计算消毒液的用量→根据消毒桶（罐）中加水的重量、体积、消毒液浓度、消毒剂的含量，计算消毒剂用量→配制消毒液→喷洒从猪舍内顶棚、墙、窗、门、猪栏两侧、料槽等，自上而下喷洒均匀→最后用清水清洗消毒机器，以防腐蚀机器。

3. 母猪舍空气消毒 寒冷季节，门窗紧闭，猪群密集，在舍内空气严重污染的情况下进行的消毒。要求消毒剂不仅能杀菌还有除臭、降尘、净化空气的作用。采用喷雾消毒，消毒剂用量0.5升/米^3。消毒药可选用过氧乙酸（1%）、新洁尔灭（0.1%）等。

消毒程序：准备好消毒喷雾器→测量所要消毒猪舍的体积，计算消毒液的用量→根据消毒桶（罐）中加水的重量（体积）、消毒液浓度、消毒剂的含量，计算消毒剂的用量→配制消毒液→细雾喷洒，从猪舍顶端自上而下喷洒均匀→最后用清水清洗消毒机器，以防腐蚀机器。

4. 母猪饮水消毒 饮用水中细菌总数或大肠杆菌数超标或可疑污染病原微生物的情况下，需进行消毒，要求消毒剂对母猪无毒害，对饮欲无影响。可选用二氯异氰尿酸钠、次氯酸钠、百毒杀（季铵盐类消毒剂0.1%）等。

消毒程序：贮水罐（桶）中贮水重量（体积）→计算消毒剂的用量→配制消毒液→2小时后可以饮用。

5. 母猪用器械消毒 对母猪使用的注射器、针头、手术刀、剪子、镊子、耳号钳、止血钳、缝合线、医用纱布及采精、配种、接生用具等物品应消毒。洗净后置于消毒锅内煮沸消毒30分钟即可。

6. 妊娠期及哺乳期母猪的消毒 妊娠母猪在分娩前7天，用热毛巾对全身皮肤进行清洁，然后用 0.1% 高锰酸钾溶液擦洗全身，在临产前 3 天再消毒 1 次，重点要擦洗会阴部和乳头，乳房、后躯等部位消毒要彻底，以减少仔猪在出生后和哺乳期间受病原微生物感染。对哺乳期母猪的乳房要定期清洗和消毒，如果发生腹泻病，可以进行带猪消毒，一般每隔 7 天消毒 1 次，严重发病的可按照污染猪场标准进行消毒处理。接产人员应剪去指甲并磨平，洗净手臂，用 2% 来苏儿或 0.1% 高锰酸钾溶液消毒，或带上消毒的塑料手套。做好断脐时的消毒，把仔猪躺卧，将脐带内的血液反复向仔猪腹部方向挤压，在离腹壁 3～4 厘米处掐断脐带（一般不用刀剪以免流血过多），用 5% 碘酊消毒。

7. 母猪人工授精的消毒　猪人工授精技术是进行科学养猪，实现养猪生产现代化的重要手段。人工授精必须严格遵守操作规程，加强对公猪的鉴定和管理，才能充分发挥其优越性。人工授精操作中消毒卫生制度不严，则会造成受胎率下降或生殖道疾病增多。

采精前将采精器械煮沸消毒 30 分钟，采精室保持清洁、卫生，并用紫外线灯杀菌消毒。采精前准备器具时，必须做到凡是与精液接触的器械、用具必须保证无菌状态。器械洗涤，用 2% 的碳酸氢钠溶液洗刷 1 遍，再用清洁水冲洗 5～6 遍。玻璃器皿、金属器皿、纱布、毛巾先煮沸后用恒温干燥箱灭菌。公猪在每次采精前应对腹下及包皮等部位用 0.1% 高锰酸钾溶液清洗和擦拭，对采精种公猪生殖器官消毒后，必须用清水多冲洗几遍，防止残留消毒剂对所采精液造成损伤。采精人员穿戴工作服，手臂应清洗消毒，手戴双层一次性消毒手套，外层手套擦洗完公猪包皮后摘掉，用内层手套手握采精。同时，注意精液生产中的无菌操作。

输精前，必须严格清洗消毒母猪外阴部。先用 0.1% 高锰酸钾溶液清洗外阴部污垢，再用清水刷洗，用煮沸消毒后的毛巾擦拭，最后用无菌纯净水冲洗。防止将消毒液带入阴道，对精子造成伤害。将消毒过的输精管海绵头涂抹润滑剂，以利于输精管插入。

（二）母猪舍的卫生管理

母猪舍应注意通风换气，冬季做到保温，舍内空气良好，可用风机通风 5～10 分钟。夏季通风防暑降温，排出有害气体。每天及时打扫圈舍卫生，清理生产垃圾，保持舍内外卫生整洁，所用物品摆放有序。每天必须进圈清扫粪便，尽量做到猪、粪分离；若是干清粪的猪舍，每天上下午及时将猪粪清理出来堆积到指定地点；若是水冲粪的猪舍，每天上下午及时将猪粪打扫到地沟里用清水冲走，保持猪体、圈舍干净。每周转运一批猪，空圈后要清洗、消毒，母猪上床或调圈，要把空圈冲洗后用广谱消毒药消毒，产房每断奶一批、空怀和妊娠每转群一批，先清扫，再冲洗、过氧乙酸消毒、熏蒸消毒。生产垃圾，包括使用过的药盒（瓶）、疫苗瓶、消毒瓶、一次性输精瓶等用后立即焚烧或妥善放在一处，适时统一销毁处理。料袋能利用的返回饲料厂，不能利用的焚烧。母猪舍内的整体环境卫生包括顶棚、门窗、走廊等平时不易打扫的地方，每次空舍后彻底打扫 1 次，不能空舍的每个月或每季度彻底打扫 1 次。舍外环境卫生每个月清理 1 次。猪场道路和环境要保持清洁卫生，保持料槽、水槽、用具干净，地面清洁。

（三）母猪的防疫技术

建立健康和安全的种猪群，是我国养猪业发展的基础，这基础建设好了，就有可能杜绝猪的疫病传染源，才能防止猪的传染病发生。因此，猪场最好自己饲养公猪、母猪，实行自繁自养。这样既可避免购买猪时带进传染病，又可降低养猪成本。引进种猪时尽量从非疫区购入，并经兽医部门检疫，经消毒后进入隔离猪舍，观察30 天，健康并按本场免疫程序注射疫苗后，再经过 15～20 天的适应观察，方可入场混群。

猪场管理者不但要了解场内已有疫病和这些病的感染率，还要了解当地和国内猪疫病的流行情况和流行态势，制订出适合本场的防疫方案和防疫措施。加强引进入场的母猪、公猪疫病的检疫和场内猪群的监测，确保场内无重大疫病的发生和流行。特别是要加强种猪群中带强毒猪的检测，以便及时发现携带强毒的猪，将其淘汰，消灭传染源，消灭潜在的威胁。

免疫程序是根据猪群的免疫状况和传染病的流行情况及季节，结合各猪场的具体疫情而制订的预防接种计划，由于各猪场的疫病流行情况各不相同，因此各场应根据各自情况制订相应的免疫计划。以下母猪免疫程序仅供参考。

猪瘟：选用猪瘟兔化弱毒疫苗，肌内注射。后备猪配种前免疫1次，剂量6头份。种母猪、种公猪每年春（3～4月份）、秋（9～10月份）两季免疫猪瘟细胞苗，剂量6头份。

口蹄疫：选用口蹄疫高效灭活疫苗，后海穴或肌内注射。后备种猪配种前免疫1次，剂量2～3毫升。经产母猪、种公猪每4个月免疫1次，剂量3～4毫升。

伪狂犬病：选用伪狂犬病基因自然缺失活疫苗，肌内注射。后备猪配种前免疫2次，间隔2周，剂量1头份；种公猪每半年免疫1次，剂量1头份。母猪配种前和产仔前各免疫1次，剂量1头份。

细小病毒病：初配公、母猪配种前42、21天分别免疫细小病毒病疫苗，二胎配种前再免疫1次，剂量2头份。

乙型脑炎：初配公、母猪150日龄免疫1次，间隔2～3周再免疫1次，剂量2头份；种公、母猪每年3月份普遍免疫1次，剂量2头份。

猪繁殖与呼吸综合征：选用猪繁殖与呼吸综合征弱毒活疫苗或灭活疫苗，肌内注射。后备种猪配种前免疫2次，间隔2周，剂量1头份。种母猪妊娠55～65天，免疫1次，剂量1头份。种公猪春、秋各免疫1次，剂量1头份。

猪支原体肺炎：后备猪配种前，免疫1头份；种公、母猪每年春、秋各免疫1次，剂量1头份。灭活苗，肌内注射。

链球菌病：种公、母猪每年春、秋各免疫1次，剂量2头份。

萎缩性鼻炎：母猪临产前 4 周肌内注射 1.5 头份。

大肠杆菌病：选用猪大肠杆菌基因缺失多价苗，后海穴或肌内注射。母猪产前 18～21 天肌内注射大肠杆菌多价疫苗 1 头份。

猪流行性腹泻、传染性胃肠炎：选择猪流行性腹泻、传染性胃肠炎二联疫苗，后海穴或肌内注射。每年 10 月份，全场普遍免疫 2 次，间隔 2 周，剂量 4 毫升。

依据国内外猪病的流行趋势及本场疫病发生态势，建立合理、经济、完善的疫病预防方案和应急措施是十分必要的。针对目前猪疫病的流行现状，猪场应重点控制好猪瘟、伪狂犬病、猪气喘病、高致病性蓝耳病、口蹄疫等主要流行疫病，采取合理的免疫程序，进行有计划的预防接种。同时，还要根据猪场的疫病发生和流行情况，有选择性地使用部分疫苗；还应针对本场存在的细菌性疾病种类和发生阶段，制订一个完善的药物预防方案。在药物使用上，应树立保健和预防观念同在。在猪饲养的不同阶段有选择性地使用药物，以预防猪群的外源性和内源性的细菌性继发感染。

种猪场应着眼于建立健康种猪群，开展一些重大猪病，如猪伪狂犬病、猪瘟、高致病性蓝耳病等疾病的净化工作。

二、母猪常见病防治技术

（一）猪伪狂犬病

猪伪狂犬病（PR）是由伪狂犬病病毒（PRV）引起的并且可导致种猪繁殖障碍、仔猪呼吸道综合征、神经系统症状、腹泻、生长发育受阻等主要症状且传染性极强的疾病。

传播途径有：直接接触传播，空气传播，垂直感染，间接传播。

公猪和母猪主要出现呼吸道症状、繁殖障碍，多呈一过性或亚临床感染，很少死亡。母猪感染后的临床症状有体温短暂性升高、精神沉郁、食欲不振、情期延长、返情率高、屡配不孕、分娩延迟或提前。母猪妊娠初期，可在感染后的 20 天左右发生流产，流产率可达 50%，感染后期产死胎、木乃伊胎或弱胎。种公猪感染后表现出睾丸炎、附睾炎、鞘膜炎等，致使睾丸、附睾萎缩硬化，丧失种用能力。

本病尚无有效治疗药物。疫苗的免疫接种是预防和控制猪伪狂犬病的根本措施。

目前已研制出的疫苗有灭活苗，弱毒活疫苗，基因缺失疫苗，亚单位疫苗，基因疫苗，病毒载体重组疫苗，多价疫苗。免疫接种疫苗（一般为 gE 基因缺失疫苗），繁育猪每年至少免疫 3 次，肥育猪在肥育期间至少免疫 2 次。

复方天门冬多糖注射液对猪伪狂犬病疫苗有增效作用，其临床推荐用法用量为：接种猪伪狂犬病疫苗后，按 0.125 毫升 / 千克体重肌内注射，每天 1 次，连用 3 天。

采取综合性措施防控本病。

①控制和消灭伪狂犬病毒，需要切断其传播途径。严禁从疫场引进种猪。鼠是该病的重要携带宿主，定期灭鼠，切断传播途径；进行消毒，杀灭散在的病原，制订好消毒程序和使用有效的消毒液。只要彻底消灭伪狂犬病毒和切断传播途径，规范化管理，伪狂犬病就可以得到有效控制甚至彻底被清除。

②对所有繁育猪场和部分肥育猪场的猪进行血清学检测，监测伪狂犬病感染情况。

③屠宰抗体阳性猪并进行血清学监测，直至所有猪抗体检测为阴性。

④当所有猪抗体检测为阴性时，停止使用疫苗，并继续进行血清学监测。

净化措施：目前，我国采用的猪伪狂犬病的净化措施主要有 4 种。

①淘汰扩群法。根据当地猪价与气候，选择最适宜的季节，淘汰猪场内所有的猪只，然后对猪场、设备以及周围环境进行彻底消毒 2 次，中间适当间隔，最后引进伪狂犬病毒阴性种猪。此方法简

单、成功率高，但是费用较高，适合阳性率高的猪场。

②后代隔离法。仔猪及早断奶，并转移到无伪狂犬病毒的区域。这种方法可以阻断环境对仔猪的影响，但要求母猪必须不感染伪狂犬病毒或者不排毒，对管理要求高，很难操作。

③检测淘汰法。即对猪场全部猪只进行伪狂犬野毒抗体检测，淘汰野毒抗体阳性猪，再引进伪狂犬病阴性猪进行扩群。这种方法实施方便，但是检测费用高，需要反复检验，不适合阳性率较高的猪场。

④管理免疫法。即综合净化的方法。加强饲养管理，确保引进猪只全部为阴性。同时，对全场猪群进行伪狂犬基因缺失灭活疫苗免疫接种。这种方法操作简单、费用低，适用于大多数猪场。

第一步：猪场背景情况调查，包括：猪场的 PR 流行史和流行现状，使用的 PR 疫苗及其免疫程序，猪场的生产管理水平等，并根据调查情况制订出 PR 的控制计划。

第二步：控制阶段，对猪群进行免疫接种，并定期进行血清学监测。种猪只能使用 gG- 或 gE- 单基因缺失灭活苗免疫接种，对仔猪和肥育猪使用 TK-/gG- 或 TK-/gE- 双基因缺失弱毒苗免疫。对种猪分别在 10～12 周龄、14～16 周龄以及 25 周龄免疫 3 次后，每年普防 3 次；对肥育猪在 10 周龄和 14 周龄接种 2 次。

第三步：强制净化的阶段，通过对猪群的免疫监测，在抽样检测的 PRV gE 抗体阳性率在 5% 以下时，对全群种猪进行血清学检测，每隔半年检测 1 次，将感染病毒的猪只全部淘汰，淘汰后用基因缺失疫苗进行免疫，并每隔 3～6 个月监测 1 次抗体，淘汰检出的阳性种猪。

第四步：监测阶段，对建立的阴性种猪群进行监测，方法为按 8%～10% 的比例对阴性种猪群进行抽样检测，若没有阳性猪，在 3 个月后按同样比例进行抽样复查，连续 2 次检测都无阳性猪则每隔半年进行抽样复查。对引进的后备种猪，先隔离 2 个月，并对其进行血清学检测，如 PR 野毒抗体为阴性，再与其他种猪混群。

第五步：认证阶段，由指定的单位对已经净化 PR 的猪场进行认证。

（二）猪细小病毒病

猪细小病毒病是由猪细小病毒（PPV）引起的母猪繁殖障碍性传染病，其特征为感染母猪，特别是初产母猪，使母猪产出死胎、畸形胎、木乃伊胎、流产及病弱仔猪，而母猪本身并无明显的临床症状。

猪是已知的唯一的易感动物，不同年龄、性别的家猪和野猪都可感染。

主要是通过呼吸道和消化道感染。病猪和带毒猪是主要传染源，病猪可通过胎盘传给胎儿，感染母猪所产的死胎、活胎、仔猪及子宫分泌物中均含有高滴度的病毒。常见于初产母猪，一般呈地方流行性或散发。能持续数年，一旦发生本病后，猪场可能连续几年不断地出现母猪繁殖障碍。母猪妊娠早期感染时，其胚胎、胎猪的死亡率可高达 80%～100%。发病季节主要是春季产仔的季节。

母猪的急性感染猪细小病毒通常只表现出亚临床病例，母猪不同孕期感染病毒会造成不同的临床症状，其中初产母猪感染症状更为明显。母猪妊娠 30～50 天感染时，表现出产木乃伊胎；妊娠 50～60 天感染时多出现死胎；妊娠 70 天感染的母猪则通常出现流产等临床症状；妊娠 70 天后，病毒可经过胎盘屏障感染胎儿，但大多数胎儿能对病毒感染产生有效的免疫应答，胎儿会存活且无明显的临床症状，但这些仔猪通常是病毒携带者；如果在妊娠 30 天以内胚胎受感染，造成胎儿死亡，母猪会迅速吸收胎儿，所以此时病毒在子宫内一般不会传播。此外，猪细小病毒还可以引起母猪产仔瘦小、弱仔，发情不正常，多次配不上以及早产或预产期推迟等临床症状，而对公猪的受精率或性欲没有明显的影响。

本病尚未无特效的治疗方法，以防制为主：控制带毒猪进入猪场，在引进猪时应该加强免疫，当 HI 抗体滴度在 1∶16 以下或阴性时，方可批准入场。引进猪应隔离饲养 2 周后，再进行 1 次 HI 抗体测定，证实是阴性者，方可与本场猪混养。一旦发病，应将发病母猪、仔猪隔离或淘汰。用血清学方法对全群猪进行检测，对阳性猪应采取隔离或淘汰，以防止疫情进一步扩大。

良好的环境卫生是防止猪细小病毒病暴发的前提条件，及时清理猪舍中粪便、污水，定期做好圈舍消毒，且应经常更换或交替使用消毒药物，避免产生耐药性。饲料要合理搭配，配制全价平衡日粮，可配合应用一些中草药饲料添加剂也具有抗菌抗病毒的作用，禁止饲喂霉变饲料。饮水要保持新鲜、清洁。建立档案管理制度，对每头种猪、每批仔猪从出生到出栏均应独立建档，并做好记录，归档保存。

免疫接种是目前预防本病的主要措施。猪细小病毒的疫苗有很多种，包括灭活疫苗、基因工程亚单位疫苗、基因工程活载体疫苗等，常用的疫苗有弱毒疫苗和灭活疫苗。对初产母猪在配种前进 2 次疫苗接种，每次间隔 2～3 周，可取得良好的预防效果。灭活疫苗免疫期可达 4 个月以上。我国已经研制出灭活疫苗，在母猪配种前 1～2 个月免疫 1 次，可预防本病的发生。仔猪的母源抗体可持续 14～24 周，在 HI 抗体效价大于 1∶80 时可抵抗细小病毒感染。因此，在断奶时将仔猪从污染猪群转移到没有本病污染的地区饲养，可以培养出血清阴性猪场。

（三）猪繁殖与呼吸综合征

猪繁殖与呼吸综合征（PRRS）是由猪繁殖与呼吸综合征病毒（PRRSV）引起的以妊娠母猪繁殖障碍及其他生长阶段猪出现呼吸道症状为主要特征的高度接触性传染病。

PRRSV 通过直接接触、水、空气、精液等途径水平传播，也可以通过胎盘垂直传播。感染猪和亚临床感染猪是 PRRSV 最主要传染源，传染源通过鼻液、唾液、血液、粪便、尿液、产后母猪乳汁、感染公猪精液等途径向外界排毒。PRRSV 通过与易感动物口、鼻、呼吸道、血液、子宫和阴道等接触感染动物。初次感染机体后病毒首先在扁桃体、上呼吸道及肺部树突状细胞发生复制，随后在肺部、胸腺、骨髓、淋巴结、脾脏等器官进行大量复制。同时，该病感染与传播的概率受温度、湿度、风速和紫外线照射等外界因素的影响，其中风媒介的传播至关重要。

本病无明显季节性，一年四季均可发病。

持续性感染。研究证实，感染 PRRSV 后，感染猪群自身可获得部分免疫保护力，新生仔猪也可直接通过母源抗体获得被动免疫。但是，由于机体差异，部分康复猪体内仍会带毒，并伴有病毒血症。有资料显示，PRRSV 病毒血症在猪群内可存在 1.5～2 个月，长者可达 16 个月之久。抗体水平较低的康复猪在一些应激因素的刺激下仍会通过唾液、鼻分泌物、尿液粪便等排毒，感染新生仔猪，从而造成新的感染。病毒血症的持续存在是造成 PRRSV 持续性感染的重要因素之一。此外，病毒感染后亚临床感染猪在 PRRS 的流行病学中起着主要传播介质的作用。

随着对 PRRSV 传播、致病、变异等特性以及现有商业化疫苗的实际免疫效力和弊端的深入认识和了解，人们意识到单纯依靠疫苗来控制 PRRS 难以奏效，采取综合防控措施十分必要。

目前该病尚无有效治疗手段，预防是关键。减少或阻断传染源，做好养殖场生物安全措施，并进行疫苗免疫，提高机体免疫力是目前防控该病的有效措施。

免疫疫苗是预防 PRRS 的有效举措之一，在世界上普遍应用，对控制 PRRS 的传播起到了积极的作用。目前，用于 PRRS 防控的疫苗主要是灭活苗和弱毒疫苗。但是，近年来，随着病毒的变异速度越来越快，疫苗在实际使用时会给动物带来一些免疫安全隐患，尤其是致弱前毒力较强的弱毒疫苗，会加重免疫猪的病毒血症，也存在一些散毒危险。在我国由于猪病很复杂，存在多种病原混合感染，不同毒株在猪体内处于持续性感染状态，导致疫苗接种后疾病反而增强的现象。Osorio 等比较了 3 种商品疫苗抵抗强毒感染的作用，结果 3 种商品疫苗均能保护猪群在临床上不发病，但不能有效阻止 PRRSV 感染。此外，T. Storgaard hr 等研究表明，在一定选择性压力作用下，弱毒疫苗毒株可能存在毒力返强的安全隐患，可能会造成 PRRS 的暴发。

1. 生物安全　生物安全措施主要包括：①实施全进全出和严格的卫生消毒措施，清除 PRRSV 在猪场的污染，降低和杜绝在猪群间的传播风险；②建立阴性公猪群，进行公猪精液检测，避免 PRRSV 污染精液；③严格进行种猪血清学和病毒学检测，禁止引入 PRRSV 感染和带毒种猪；④严格人员进出控制制度，出入人员淋浴和更换工作服，运输工具要清洗消毒，猪场工作人员的靴子和工作服要清洗和消毒，更换注射针头，灭蚊和苍蝇，切断 PRRSV 的间接传播途径；⑤采用空气过滤系统，阻断猪场内 PRRSV 经气溶胶的传播。

2. 后备母猪驯化　后备母猪驯化方式包括：①使后备母猪接触有病毒血症的保育仔猪；②给后备母猪注射猪场的活病毒，可以采取猪场 PRRSV 阳性猪的血清进行接种。这种方式具有造成其他病原传播和增加死亡率的潜在风险，优点是可以确切知晓感染时间，理论上所有后备母猪可在同一时间产生对 PRRSV 的抵抗力，为在群体水平上清除 PRRSV 奠定基础；③减毒活疫苗免疫接种，在后备母猪进入种猪群前，进行 1～2 次 PRRSV 减毒活疫苗的免疫接种。如果一个猪场存在 1 个以上的 PRRSV 毒株，驯化可能会失败。对于高致病性 PRRSV 毒株感染，驯化应慎重，并把握驯化时期和接种剂量。

3. 疫苗免疫　现有商业化的 PRRSV 灭活疫苗和减毒活疫苗均已用于后备母猪、母猪、生长猪的 PRRSV 控制。

（1）减毒活疫苗的使用原则　适用于猪繁殖与呼吸综合征阳性或不稳定的猪场、疫情发生的猪场；选择安全性较好的活疫苗；实施猪场个性化的免疫程序；一个猪场仅使用一种活疫苗、"一次免疫"；猪群稳定后，应停止使用活疫苗；经产且抗体阳性母猪群不免疫；后备母猪可在配种前 1～3 个月免疫 1 次；阴性猪场和稳定猪场，不应使用活疫苗。

（2）对于猪蓝耳病阴性猪场可采取以下防控措施 不用疫苗；做好生物安全措施（人员控制、环境控制、运输工具清洗、消毒等），防止 PRRS 传入猪场；闭群饲养，不引种；需引种时，必须进行监测和检疫，绝对不能引入阳性猪（抗体阳性、病毒阳性）；定期对猪场进行监测，保持阴性状态。

（3）对于猪蓝耳病阳性或稳定猪场 这种猪场主要表现为母猪群阳性，但繁殖性能不受影响；生长猪群无感染（即使母猪阳性，但不排毒，病毒不在猪场内传播）。具体防控措施：不用减毒活疫苗；加强母猪饲养管理，定期监测感染状况；强化猪场的消毒卫生，防止母猪排毒在猪场内传播；后备阴性母猪配种前与经产母猪混群饲养；不引入阳性种猪，引进的阴性母猪配种前与经产母猪进行混群饲养；从临床和血清学监测生长猪群。

（4）猪蓝耳病阳性或不稳定猪场 这些猪场主要表现为母猪群阳性，但繁殖性能不受影响；生长猪群有感染（临床发病，因继发感染有一定的死亡率；病毒在猪场内传播）。具体防控措施如下：强化猪场的消毒卫生，降低或杜绝病毒在猪场内传播，适当使用减毒活疫苗，依据生长猪群的感染和发病阶段（经临床和实验室确诊），提前 3～4 周给生长猪群进行 1 次免疫（需注意猪群稳定后应停止活疫苗的使用）；控制感染猪群的继发性细菌感染，即做好药物保健和预防；引种的阴性母猪或后备母猪配种前与经产母猪进行混群饲养。

（5）对于猪蓝耳病疫情发生的猪场 这种猪场主要表现为母猪存在繁殖障碍问题（如流产、产死胎），临床和实验室确诊是由 PRRS 感染所致，高致病性毒株感染母猪可表现为发热等症状，低致病性毒株可能无症状。对于这类猪场应采取的措施是：使用减毒活疫苗，合理的免疫程序。母猪在配种前进行 1 次免疫；依据生长猪感染和发病阶段（经临床和实验室检验确诊），提前 3～4 周进行免疫，可免疫1～2次，2次免疫间隔1个月（需注意猪群稳定后应停止活疫苗的使用）；控制感染猪群的继发性细菌感染，即做好药物保健和预防；强化猪场的消毒卫生，降低病毒在猪场内传播；引种的阴性母猪或后备母猪配种前与经产母猪进行混群饲养。

4. 根除技术 从母猪群根除PRRSV的技术包括检测与淘汰、全群清群与建群、闭群、区域控制与根除等。有的技术已证明在PRRSV的控制和根除过程中是行之有效的。

（1）**检测与淘汰** 美国最早实行这种方法根除PRRSV，主要是通过对种猪群的血清学和病原学检测，淘汰阳性种猪。此技术的主要缺点是检测的成本和淘汰阳性动物的成本高。在猪场不集中地区的多点式的猪场，通过检测与淘汰，最有可能实现PRRSV的根除。

（2）**全群清群与建群** 通过清除所有PRRSV感染种猪或所有的生长猪，对所有设施进行消毒，用PRRSV阴性猪再建新的猪群。这种技术对于PRRSV根除十分有效，但清群和建群的成本十分昂贵。

（3）**闭群** 闭群技术已广泛用于从母猪群清除PRRSV。闭群时间至少6个月或200天，停止引入种猪，清除血清学阳性的种猪。闭群可降低易感动物的数量，有利于清除病毒，是清除PRRSV成本最低的技术，种猪的生产性能可以得到改善。实施闭群前，种猪群应有计划地感染猪场的同源病毒或以减毒活疫苗进行免疫接种，使所有种猪感染，以确保所有的母猪接触病毒，以提高群体免疫力。闭群还可降低PRRSV的传播能力和在猪群中的循环能力。闭群结束后，应引入PRRSV阴性后备母猪，防止PRRSV新毒株传入猪场，保持猪群稳定。

（4）**区域控制和根除** 病原的区域根除是控制疫病的有效措施。由于PRRSV对养猪业经济效益的影响以及病毒在猪群之间或猪群内传播的途径很多，区域根除计划是有效控制和彻底根除PRRSV的最好方法。一些国家已成功实现PRRSV的根除。美国已在明尼苏达州启动了PRRSV的区域根除计划，尽管难度不小，但取得了初步成效。PRRSV的区域控制和根除计划需要政府部门、当地养猪企业和猪场兽医间的通力合作，并结合清群或建群和闭群等控制措施，才有可能实现对 PRRSV 的根除。

（四）猪乙型脑炎

乙型脑炎又称流行性乙型脑炎，是由日本脑炎病毒引起的一种人畜共患的蚊媒病毒性传染病。

本病的发生有严格的季节性。多发生于蚊子猖獗的夏、秋季节，特别是 7～9 月份（10 月底分娩的初产母猪仍有发生乙脑的）。该病呈散发，有时呈地方性流行。乙脑不能通过猪与猪之间的接触而传播。

各种品种、年龄、性别猪均易感。可呈显性感染或隐性感染，但以 6 月龄左右猪发病较多，这是因为被感染的母猪，其母源抗体可持续到 5 月龄（所以注射疫苗要选在 5 月龄以后首免）。尤其是秋季选留的后备猪至翌年春季配种妊娠后，在乙脑流行季节易被蚊子叮咬感染病毒而危害胎儿，母猪发生流产、产死胎，而青年公猪发生睾丸炎。

妊娠母猪感染后流产、早产或延时分娩。妊娠母猪，特别是头胎母猪感染后，没有显示明显的临床症状，而是出现一时的厌食和温和的发热反应。主要症状是以流产和生产异常为特征的繁殖障碍。同窝仔猪有死胎、畸形胎、木乃伊胎、有脑腔积液和皮下水肿的弱仔（部分弱仔出生后几天痉挛死亡）。也有发育正常的胎儿。母猪流产后，一般不影响下次配种。该病有别于其他繁殖障碍病引起的流产的重要特征之一是同一窝流产胎儿，其大小、形态、病变有显著差别，并常混合存在；既有小如人拇指的木乃伊胎，还有与正常胎儿一样大小的死胎，也有发育正常的健仔。这是因为繁殖障碍是在非免疫母猪妊娠后 40～97 天已经感染，在这个时间后感染对小猪没有明显影响。在感染病毒后 1～2 天，猪发生病毒血症，病毒血症持续 1～4 天，妊娠母猪发生胎盘感染，并且在感染后第七天病毒能到达胎儿。胎儿感染后造成产出一窝小猪中有不同大小的正常仔猪、弱仔、死胎和木乃伊胎，表明在子宫内不断发生胎儿连续感染。此外，还有个别母猪超过预产期而不分娩，胎儿长期滞留，特别是初产母猪，多为死胎和木乃伊胎，或整窝胎儿木乃伊化。

公猪感染后发生睾丸炎，主要症状表现为一侧或两侧睾丸肿大，阴囊皱襞消失，发热，有触痛感，触压稍硬。性欲减退，精液品质下降，且通过精液排毒并传给母猪。大多数单侧睾丸炎能恢复功能，但发生两侧性睾丸炎，有时也造成永久性不育。有些公猪夏秋季节配种受胎率不高与该病有关。

1. 消灭传播媒介　消灭传播媒介蚊虫是本病的主要预防措施。尤其是猪舍中常见的三带喙库蚊，首先猪场要定期消毒、勤除蚊虫、积水，在蚊子多的季节多用药物除蚊，而冬季更应该注意消灭越冬蚊虫。但由于现今大多数猪场长期高浓度高频次地使用大量化学药物灭蚊，使得蚊虫对某些药物产生了很强的耐药性，对于化学药物灭蚊应采用停用、轮用和混用等方法；近年来的热点金芽胞杆菌、球星芽胞杆菌都是消灭蚊虫的方法。

2. 免疫预防　虽然消灭蚊虫是防制乙脑的根本措施，但可行性差，完全消灭蚊虫是不可能的。科学的免疫接种是预防乙脑的最根本手段。

疫苗主要有 3 种：乙脑灭活疫苗、乙脑弱毒活疫苗和乙脑基因工程苗。由于乙脑灭活苗主要由鼠脑灭活制成含有脑组织，易于引起过敏反应，目前已基本不使用；基因工程苗也在研究阶段，暂无商品化疫苗。现今免疫乙脑主要用的是乙脑弱毒活疫苗。免疫程序：用乙脑减毒活疫苗给种猪定期免疫接种，可有效预防和控制该病。疫苗对妊娠母猪无不良反应。推荐免疫程序为：用乙型脑炎活疫苗应在当地蚊虫出现季节的前 20～30 天接种，一般是在 3～5 月份和 8～10 月份进行两季免疫；后备种猪在 6～7 月龄时初次免疫，间隔 2～3 周后加强免疫 1 次，每次肌内注射 1 头份；经产母猪和成年种公猪，配种前免疫 2 次，每次 1 头份，间隔 2～3 周；热带地区必须每半年免疫 1 次；在乙脑流行地区，猪群应普免。

免疫注意事项：免疫接种一般要求在 4 月份不超过 5 月中旬。注射部位用酒精或新洁尔灭消毒，禁用碘酊。疫苗使用前检查疫苗玻璃瓶有无破损、污染，疫苗使用后当天用完。

乙型脑炎暂无特效治疗药，主要为对症治疗。一般防治措施为用抗菌素防止继发感染，同时应用吗啉呱、板蓝根等抗病毒药可提高治愈率。用降低颅内压药减轻脑水肿。常用药有 20% 甘露醇，对兴奋型病猪用氯丙嗪等。

（五）非传染性繁殖障碍疾病

猪的普通繁殖障碍病主要有母猪霉菌毒素中毒、妊娠母猪流产、母猪难产、母猪乏情、母猪胚胎早期死亡、子宫内膜炎、母猪产后瘫痪、母猪乳房炎和母猪无乳综合征等。这类疾病的特点是除中毒性疾病外其他发病率较低，病因较多，难以鉴别诊断，经常发生，多为散发，传染性差，多与饲养管理不当有关。

1. 母猪乏情 母猪乏情俗称不发情，指青年母猪 6～8 月龄或经产母猪断奶 10～15 天后仍不发情，其卵巢处于相对静止状态的一种生理现象。母猪的正常发情周期平均是 21 天（18～24 天）。

在生产实践中，母猪的乏情是规模化养猪场的常见病，是造成优秀良种淘汰的主要原因。同时，母猪的乏情也增加了母猪的繁殖间隔，增加了饲养成本，给猪场带来严重的经济损失。

（1）母猪的乏情表现

①达到性成熟和体成熟的后备母猪（8 月龄以上）推迟发情时间，乏情时间可推迟到 12 月龄以上甚至不发情，一般猪场中后备乏情母猪比例一般在 10% 左右，有的甚至更多，造成极大经济损失。

②正常断奶后母猪应在断奶后 7 天内发情配种，最长不超过 10 天，如果以断奶 10 天作为判定乏情的标准，母猪出现乏情的比例为 20%～30%，其中 70% 以上的母猪在断奶后 1～20 天发情配种，还有部分母猪在断奶 20 天后仍不发情。

（2）预防措施 在猪生产过程中，防治母猪乏情，应根据养猪场自身的情况，从多方面综合考虑，有针对性地采取措施。要坚持"以防为主，防治并重"的原则。

①淘汰不发情母猪　后备母猪由于先天性生殖器官发育不良或畸形的应予淘汰。后备母猪在 160 日龄后就要跟踪观察发情，6 个半月仍不发情就要着手处理，综合处理后达 270 日龄仍不发情即可淘汰。疾病造成的，根据其传染病的程度采取不同的解决方法，不能恢复正常的及时淘汰。

②改善母猪生活环境　改造圈舍，保证圈舍干燥、通风良好、光照充足。加强运动，补喂些青绿多汁饲料。断奶后不发情的母猪可以将其集中调舍、调栏，调离原环境，10 天左右出现发情症状。注意防暑防寒。

③加强营养管理调控　科学配制日粮，应保证营养的全价性。

短期优饲：根据母猪体况在配种前 15 天适当加料，能较早发情排卵和配种。

饥饿刺激：对于膘情良好的母猪断奶后即停料、停水 1～2 天，可刺激母猪很快发情。

控制体重：初产母猪的初配体重应在 120 千克以上，日龄达到 8 月龄以上，这两点都必须达到。分娩时年龄较大的初产母猪即使失重较大其断奶后发情仍比体重较小的青年母猪早。初产母猪断奶时的体重应保持在 115 千克以上。生产经验表明，随着断奶体重的增加，断奶 7 天内发情的比例不断提高，当断奶体重 115 千克时，正常发情比例可达 80% 以上。

搭配饲料：产后应采取少给勤添或自由采食的饲喂方法，使母猪在整个泌乳期间的失重控制在 10 千克以内可以使母猪断奶后及时发情。对过肥的猪只应减少精饲料，增加粗饲料喂量，多喂青绿多汁饲料，还可以在日粮中加 3% 的氯化钙数天。

④切实做好疾病的预防工作　种猪场的疾病预防工作应放到重要位置。平时抓好消毒，搞好卫生，特别是后备母猪发情期间的卫生，以减少子宫内膜炎的发生。严格按照科学的免疫程序进行免

疫。根据种猪群的整体情况拟定切实可行的保健方案，认真执行。

⑤药物和激素治疗　对不发情的母猪，常用激素有氯前列烯醇、孕马血清促性腺激素、绒毛膜促性腺激素、三合激素、雌激素、己烯雌粉、黄体酮等，诱导发情和促使卵泡发育。

⑥免疫接种　按免疫程序接种疫苗（猪瘟、伪狂犬、蓝耳病、细小病毒和乙脑疫苗等），以防病毒性繁殖障碍疾病引起的乏情。

2. 流产　母猪流产是指母猪在妊娠期间，由于各种原因造成胚胎或胎儿与母体之间的生理关系发生紊乱，致使妊娠中断，胚胎在子宫内被吸收或从子宫中排出死亡或不足月胎儿的现象。母猪发生流产除造成产仔数减少外，母猪配种后流产还可造成母猪繁殖周期延长，甚至造成一些母猪完全丧失生育能力进而淘汰，给养猪者带来较大的经济损失。

（1）母猪流产的临床表现　因流产发生的时期、原因和母猪个体反应能力不同，流产的表现也不一样。常见的流产症状有隐性流产、小产、早产、延期流产。

①隐性流产　流产发生于妊娠的早期，当妊娠终止时，胚胎的大部分或全部被母体吸收，多数无临床表现，不易发现，有时可看见从阴门流出很多的分泌物，过一段时间后出现发情。

②小产　排出未经变化的死胎，胎儿及胎膜很小，常在无分娩征兆的情况下排出，多不被发现。

③早产　排出不足月份的活胎，有类似正常分娩的征兆和过程，但不很明显，常在排出胎儿前2～3天，乳腺及阴唇突然稍肿胀，早产的胎儿虽活力很低，但应尽力救活。

④延期流产　胎儿死后，由于阵缩微弱或子宫颈不开张或开张不全，而长期滞留在子宫内，胎儿死后在子宫内有3种变化。

胎儿干尸化：比较常见，助产时常在正常胎儿之间夹有个别干尸胎，由于滞留在子宫的死亡胎儿水分及胎水被吸收，胎儿变干，体积缩小，并且头和四肢缩在一起，颜色变为棕黑色，也称为木乃伊。

胎儿浸溶：妊娠中断后，死亡胎儿的软组织被分解，变成液体流出，而骨骼则留在子宫内，母猪体温升高，心跳、呼吸加快，不食，喜卧，阴门流出棕黄色黏性液体，母猪预后不良。

胎儿腐败分解：细菌侵入子宫，引起胎儿腐败分解。

（2）母猪流产的防制措施　在养猪生产中，遇到母猪流产，首先要明确流产原因，即流产类型，对症治疗。对引起流产的病因进行确诊往往较为困难，一般可通过对胎儿及胎盘的病变检查以及对母猪的临床症状进行初步诊断。有条件的猪场可进行病菌的分离鉴定和血清学检查，进行确诊。鉴于引起流产的因素很多，因此，在生产过程中，要坚持以预防为主、防重于治和综合防预的原则。

①加强免疫、驱虫　规模猪场要认真做好春、秋、冬季后备母猪和商品猪的全面免疫工作，对引发母猪流产的传染性疾病的预防应根据本地区以及自场该病的发生流行情况，制订合理的防疫程序，加强免疫。母猪配种前要根据本猪疫情，按免疫程序认真搞好猪蓝耳病、乙脑、伪狂犬病、猪瘟、细小病毒病、猪链球菌病等疫病的免疫接种，提高母猪抗体水平。在母猪空怀期进行驱虫及定期进行布氏杆菌病的检测。

②强化卫生消毒　进入猪场的人员，必须先进行严格消毒后方可入内。每批母猪转走后要对产房进行彻底消毒，空栏5～7天后再转入下一批母猪。全场每周进行一次大消毒，疫情时适当增加消毒次数。母猪生产期间应坚持每周2次带猪消毒。

③科学饲养管理，严防霉菌毒素中毒　规模猪场要严格把好引种关，避免从有病原的猪场引种猪，坚持自繁自养，建立健康种猪群。在饲养方面，应根据母猪在妊娠初期、中期、后期等不同阶段的营养需要，供给全面、均衡的饲料。不喂霉烂、变质、有毒、冰冻、含泥沙杂草及刺激性大的饲料，不喂冷水和污浊水，添加适量蛋白质、维生素、矿物质饲料，供给充足的碳水化合物饲料以增强母猪体质，促进胎儿正常生长发育。在管理方面，坚持母猪单圈饲养和定位栏生产，及时淘汰染疫、体质低下、生产性能不佳的母猪。母猪圈舍要平整，光线充足，通风良好，并注意做好防寒防暑

工作。在妊娠前期，胚胎尚未着床，呈游离状态，要特别注意防止鞭打、突然吼叫惊吓等强烈刺激。妊娠3个月后，胎儿已发育较大，此时要特别注意防止挤压、滑跌、急转弯、急跳栏等，以免造成机械性创伤，临产前停止运动。母猪孕期患病需慎重用药，特别要注意避免使用促子宫收缩药、泻药、破血行瘀的中草药，疫苗和利尿剂要慎重使用。

对于霉菌毒素中毒，预防的关键是杜绝购进霉变原料、合理仓储、定期清理喂料箱。在购买原料时，把好质量关，大宗原料入库时进行检验。饲料仓库应密闭良好。夏季炎热、潮湿，饲料易霉变，应在短期内用完。受到霉菌污染的原料，需添加霉菌吸附剂来减轻危害。

④治疗措施　一旦母猪发生疫情，应立即隔离患猪，详细观察猪的发病症状，并结合流行病学进行诊断，如不能确诊，应先进行常规治疗并及时采集病料送当地动物防疫部门进行细菌学检查及血清学诊断，确诊后立即采取有效的防控措施。发生传染性很强、危害较大的传染病，要扑杀患猪，消灭传染源。对普通传染病或非传染性流产且有治疗价值的，可在排除病因后，根据具体情况，在严密隔离的条件下进行以下治疗。

安胎保胎：当出现早产流产征兆时，首先应以安胎、保胎为原则。可配套使用安胎、保胎作用的药物，抑制子宫收缩。可肌内注射黄体酮，30～50毫克/头，隔天1次，连用3～5次，并配合肌内注射维生素E和镇静剂。中药可用：白术、当归、川芎、荆芥、厚朴各30克，黄芪35克，羌活、菟丝子、艾叶各32克，枳壳28克，川贝母31克，甘草20克，诸药打碎成粉拌料，每天1剂，连用2～3天。

及时助产：如果安胎失败，胎膜已破，胎水流出后，子宫收缩无力，胎儿不能产出时，需及时进行药物或人工助产。

清瘀排毒，恢复母猪体质：母猪流产后，要根据引发母猪流产的疾病进行合理的药物治疗和营养供给，对流产母猪的生殖器官进行恢复性治疗。为防止继发子宫内膜炎及败血症，可用0.2%高锰酸钾溶液冲洗子宫，排出子宫内积液，再用青霉素、链霉素溶于生理盐水后注入子宫，连续3～5天。有体温升高者还须进行全身治疗，可注射青霉素、链霉素等抗菌药物，还可喂服中草药，以去瘀生新，促进机体恢复。对催情药物的使用应遵循少用或不用的原则，待母猪痊愈和自然发情后再配种。

3. 母猪难产　母猪难产是分娩时胎儿不能自母体顺利产出的统称。母猪正常妊娠时间为114天左右，难产多发生于初产母猪及老、弱、病母猪，经产母猪也偶有发生。难产持续时间越长，死胎数量也会增多。难产通常造成20%的死胎率，处理不当还会诱发子宫内膜炎，导致久配不孕甚至被迫淘汰，严重者造成母猪和仔猪的死亡。实际生产中母猪难产并不常见，比例不到1%。

（1）**母猪难产的主要原因**　包括产道狭窄性难产，产力虚弱性难产，胎位性难产，胎儿过大性难产。

（2）**母猪难产症状**　妊娠期超过114天，母猪厌食，体温升高，精神颓废，开始几天努责强烈，频频举尾收腹，躺卧时两后肢不时前伸、弓腰，但随着时间推移带血分泌物和胎粪松弛排出或出现棕色/灰色恶臭物，有异味；不见胎猪产出。虽然出现努责等分娩现象，但不能产出仔猪，长时间静卧，或产仔时间间隔超过1小时，且母猪仍出现腹胀状；母猪眼睛发红，窘迫，呼吸急促，四肢无力；如果产程过长，将使母猪衰弱，心跳减弱。

不同原因造成的难产，临床症状表现不尽相同。主要表现为：

①当母猪羊水已经流出并不断努责，但已超过45分钟还没有产出仔猪；

②母猪已经顺利产出一头或几头仔猪，但它仍十分烦躁不安、时起时卧、痛苦呻吟、极度紧张、剧烈努责，但超过45分钟仍不能继续产出仔猪；

③产出一个或更多的仔猪后，母猪疲惫，伴有先露异常或有阻塞物，有恶臭和不正常的阴道排出物。

（3）母猪难产的预防

①严格挑选后备母猪，要求后躯丰圆，尾根高举，外阴发育良好。不要选臀部丰满的母猪作种用，这类母猪臀部肌肉过于丰满，产仔时产道开张不全。

②控制后备母猪的配种年龄和体重，避免近亲交配。配种太早影响母体的发育，导致产仔时容易因骨盆狭窄而发生难产。后备母猪的配种年龄，最好是在 10 月龄以上或体重达 150 千克以上、发情至少 2 次以上，切莫急于配种，以免导致难产发生。

③对于饲养年头多、好生病及产道狭窄产仔困难的母猪，及时淘汰，产仔特别好的母猪可适当延长饲养年龄。

④加强妊娠母猪运动。尤其是在妊娠 45 天后和产仔前 15 天的母猪，一定要运动，以锻炼子宫肌肉的收缩力量，减少难产的发生，但切莫让母猪剧烈运动以免发生流产。

⑤加强妊娠母猪的饲养管理。在妊娠期内，母猪的营养需要量很大，最好饲喂专用的妊娠料。妊娠后期因为胎儿长大挤压母猪胃肠，母猪采食量少，因而要适当增加饲喂次数，以保证母猪营养需要。妊娠期内母猪不要过肥或过瘦，以减少母猪难产的发生概率。

⑥把好防疫关，按照本地发病特点制订科学的免疫程序，接种好疫苗，定期消毒、驱虫、预防各种疾病。

（4）母猪难产的处理与治疗　发生难产时，先将母猪从分娩栏内赶出，在分娩舍过道中驱赶运动约 10 分钟，以调整胎猪姿势，此后再将母猪赶回栏中分娩，不能奏效的再选用药物催产或施助产术。首先检查难产母猪骨盆腔与产道的情况，排除娩出通道的障碍。若直肠中充满粪球压迫产道，应先以微温热的矿物油或肥皂水软化粪球并掏尽，若膀胱积尿而过度充盈向上顶入产道，应反复轻压刺激膀胱壁，诱其排尿。也可强迫驱赶该母猪起立运动，促进其排尿。必要时用导尿管导出尿液，若有仔猪到达骨盆腔入口处或已入产道，在感觉其大小、姿势、位置等情况的基础上应立即行牵引术。

①药物催产　如前一头仔猪产下已超过半小时，可用垂体后叶

素或缩宫素20～40单位肌内注射，药物可在10分钟左右产生作用，若加上外力推动助产，往往会产生良好作用。若腹内还有仔猪尚未产下，则可在间隔1小时左右再注射上述药物，但剂量应适当减少。

母猪的胎盘属上皮绒毛膜型，一般要等所有仔猪娩出后，才能分别从两个子宫角排出两大堆胎衣。如果胎盘数少，往往一个一个或分几个成串排出来。母猪胎衣排出的持续时间为1～4小时。应引起注意的是，有时仔猪会和胎衣一起产出，要做好值班和假死急救工作。要等产仔胞衣全部排完，才能认为产仔结束。产仔未结束，值班人员不能离开产仔栏。

②手术助产 若使用药物和体外推动助产仍有仔猪无法产出，特别是骨盆狭窄、阴门过小、胎儿相对大时，只有采取手术助产。方法是：用新洁尔灭溶液消毒整只手臂及母猪外阴，然后在手掌和手臂及母猪外阴部涂上液状石蜡，将5个手指并成锥形，慢慢从外阴部深入。注意在母猪努责时停止深入，以免强行深入撕破产道或引起母猪挣扎，当碰到仔猪后可捏住仔猪下颌（不要捏在眼眶以免损伤仔猪眼睛）或后肢拉出胎儿，但速度不要太快，以免引起子宫或阴道脱出。手不要频繁出入阴道，一头仔猪拉出后，当母猪有产仔征兆时或间隔10～20分钟再进行助产，并要注意消毒及涂润滑剂。仔猪基本产完时，可在手掌内放抗生素加入产道深部，减少母猪感染。

徒手牵拉法：仔猪头同外正生时，可四指伸至仔猪两耳后用力拉出。还可用拇指与食指捏紧仔猪下颌间隙部用力拉出。仔猪倒生时，可用弯曲呈钩状的食指和中指夹紧仔猪两后肢关节上部，拇指压紧两后肢用力拉出。当发生胎位不正时，应先把仔猪向里推，矫正胎位后再助产。两头仔猪同时挤入产道，形成难产，应先把后面1头向里推，然后拉出外面的仔猪即可。

器械助产法：母猪由于产道狭窄、内部空间小，所以母猪器械助产最常用的工具为产科钩和铁丝。产科钩长35～40厘米，钩前端稍尖，钩的直径0.7～1.0厘米，产科钩的粗细可用直径5毫米的钢筋。助产时手臂先伸入产道至能触摸到仔猪耳后部，然后把产科钩的杆和尖端均贴着手臂并沿手臂进入产道。经过手心后继续前伸，通过手指的感触把钩尖挂在仔猪眼眶上，通过产道内的手把握钩手，另一只手用力拉动产科钩，但动作要缓，产道内的手应和产科钩同步外移，这样即可拉出胎儿。铁丝助产可取1米长中号铁丝，两端对齐使另一端握成鼻儿，将鼻儿跟手一同伸入母猪产道使鼻儿套在仔猪头部后面，产道内的手摁压铁丝使鼻儿束紧仔猪颈部，这样用力拉动产道外的铁丝即可将仔猪拉出。

4. 胚胎死亡　胚胎死亡是影响猪繁殖率的重要因素之一。猪是多胎家畜，胚胎死亡较常见，且胚胎在发育的任何时期都有可能死亡，特别是在胚胎向子宫内膜附植之前或附植过程中即妊娠识别的最关键时期。导致胚胎死亡的因素很多，包括遗传因素，胎儿与胎盘之间养分和气体交换的效率，母体与胎儿内分泌的相互作用，胎儿、子宫的内外环境，母猪胎次、配种时间、疾病、免疫、气温、营养、饲养、管理等，而营养又是其中最重要的因素。

（1）母猪胚胎死亡的时期　母猪一般排卵16～25个，甚至更多，而且受精率也高，为92%～98%，但实际上母猪产仔数比理论数推算的产仔数少得多。这主要是产前胚胎死亡所造成，其损失为排卵数的30%～40%，母猪从受精后70天内有4次胚胎死亡高峰期。

①胚胎死亡的第一个高峰期　受精后5～10天是胚胎死亡的第一个高峰期。

②胚胎死亡的第二个高峰期　受精后9～13天即着床初期是胚胎死亡的第二个高峰期。

③胚胎死亡的第三个高峰期　受精后第22～30天，即器官形成阶段是胚胎死亡的第三个高峰。

④胚胎死亡的第四个高峰期　在妊娠的第60～70天，由于胎儿迅速生长，互相排挤造成营养供应不均，致使一部分胚胎死亡。

（2）胚胎死亡的原因　包括遗传因素，营养因素，内分泌因素，子宫内环境因素，外环境应激因素，疾病因素，母猪分娩、泌乳因素，母猪年龄与体重因素和公猪因素。

（3）**防治措施**　母猪胚胎死亡是由多种原因引起的，因此在生产中应采取综合预防措施，制订完整周密的计划来减少胚胎死亡。

①加强对妊娠母猪的饲养管理　妊娠母猪营养需要对胚胎和胎儿的发育极为重要。在母猪妊娠过程中，脑垂体前叶分泌的生长激素既能促进母体合成蛋白质以满足自身的生长发育，同时又满足胎儿发育所必需的物质。当母体的营养需要处于不平衡状态时，影响到内分泌功能，使胚胎和胎儿发育都会遭到破坏。因此，在母体整个妊娠期间，必须喂给营养丰富的全价饲料，并且制订小母猪和经产母猪的饲喂方案。

严格按先进科学技术管理猪群，猪群密度要合理，猪舍温度要适中，在妊娠头 3～4 周，温度应保持在 21℃～28℃。当环境温度超过 29℃以上，胎儿死亡率明显上升，故气温超过 30℃以上时，应采取给种猪淋水、洗浴、湿帘、空调等降温措施。在管理上要防止过度拥挤、碰撞或互相追赶，以免造成机械损伤，猪舍要保持通风凉爽。

禁喂发霉变质、有毒有害饲料，慎喂某些饼类如棉籽饼、菜籽饼、亚麻籽饼、蓖麻籽饼等和酸性较大的青贮饲料，含酒精过多的酒糟等饲料。把握好饲喂规律，要定时、定量，忌过饥过饱。冬季忌喂冷稀饲料和冰冻饲料，夏季勿空腹暴饮凉水，避免肠痉挛引发剧烈腹痛。保持圈舍周围环境安静，勿惊吓、追赶和鞭打妊娠母猪，避免妊娠母猪因精神紧张使肾上腺素分泌增多而引起子宫收缩而流产。

②充分利用杂交优势，避免近亲繁殖　近亲繁殖双亲遗传差异性较小，使胚胎数减少或易导致胚胎死亡，同时也降低初生胎儿的存活力。为此采用不同品种进行杂交可充分利用其杂交优势，选择遗传差异性大的配子受精，可以提高其受胎率和新生胎儿存活力。

③调节母猪体内生殖激素平衡，提高卵母细胞质量　胚胎成活

率的提高是通过加快胚胎减数分裂和提高胚胎质量来实现的。在排卵前对猪应用棕榈酸视黄醇可改进胚胎成活。维生素 A 缺乏会使胚胎直径的变异性增加，降低胚胎整齐度和发育同步性，促进胚胎死亡。在配种前给予超过维持水平以上的营养可提高胚泡的细胞数量，减小同窝产仔数的差别。

孕酮和雌激素是否平衡对胚胎附植很关键。雌激素能引起子宫肌的兴奋，使胚胎难以附植。而孕酮有抗衡雌激素的作用，使子宫黏膜分泌增强，有利于胚胎附植。因此，子宫孕酮不足或雌激素过多可影响到母猪胚胎顺利附植。为加强母猪体内血液中孕酮含量，对配种后 7 天母猪肌内注射黄体酮 20～30 毫克，或在饲料中添加孕酮制剂以补充外源性激素。

④确保公猪精液质量　加强种公猪的饲养和管理。合理适时补充矿物质、维生素。保证种公猪每天运动 1～2 小时，使其体质健壮，膘情中上等，性欲旺盛，精液品质好，受精能力强，受胎率高。另外，要合理使用种公猪，成年公猪每周使用 3～5 次，青年公猪每周使用 2～3 次，避免过度使用。精液异常（精子密度过低、畸形精子、死精过多、颜色发红或发绿等）的公猪及时淘汰。

⑤制定严格的卫生防疫制度，减少母猪感染疾病的机会　配种后的母猪，应保持健康无病，胎儿才能得到充足的营养而正常发育、生长，而母猪患病与否，在很多时候是由于环境卫生条件是否适宜造成的。因此，应根据不同类别对母猪舍进行严格消毒，每日喂料前搞好环境卫生，及时清除粪污，均可有效地降低母猪感染疾病的机会。此外，保证母猪舍内适宜的温、湿度也很重要。据研究报道，母猪舍内的温度保持在 16℃～22℃，空气相对湿度控制在70%～80%，对保证妊娠母猪的健康、提高胚胎成活数是有益的。

母猪在配种前，应切实做好猪瘟、伪狂犬病、日本乙型脑炎、猪细小病毒病、猪蓝耳病等疫病的免疫接种。

⑥慎重使用药物，减少药物对胚胎的危害　在妊娠母猪和胎儿之间存在着一道天然屏障——胎盘屏障，这是妊娠母猪胎盘上绒毛

与子宫之间的一种屏障。胎盘屏障有两方面的功能，一是母体与胎儿之间交换营养物质和代谢废物等的通道，具有一定的通透性。二是胎盘屏障还具有阻隔或过滤来自于母体的毒素、废料、药物代谢产物等功能，只是这种功能具有一定的局限性。研究证实，几乎所有的药物都能够穿透胎盘屏障而进入胚胎循环，从而影响胎儿的正常发育，甚至导致胎儿畸形或胚胎死亡。据美国食品和药物管理局报道，硫酸链霉素、盐酸四环素等抗菌药物，对胚胎、胎儿有危害性，这种药物应在孕期慎用。而甲氨蝶呤、己烯雌酚等会导致胚胎、胎儿异常，生产中尽可能不用此类药物。由于生猪主要是生产肉类，为了防治疫病发生，饲料中添加药物或治疗用药对胚胎影响往往不被人们重视，所以胚胎死亡问题也容易被忽视。

5. 子宫内膜炎　子宫内膜炎是造成母猪不孕的主要常见病理因素。患病母猪子宫黏膜感染细菌引起的黏液性或化脓性炎症，使母猪表现发情不正常或者发情正常但不易受胎，即使妊娠也易流产。

母猪子宫内膜炎是现代养猪业的一大困扰。发病原因极为复杂，归结为细菌感染、母猪因素、公猪因素和养猪过程中不遵守操作规程等几个方面；防治手段也因其发病原因不同而相差较大，主要从科学饲养、加强管理、做好免疫接种以及采取针对性的治疗措施等方面入手进行本病的预防和控制。

（1）流行情况　近几年来，许多集约化养猪场均存在子宫内膜炎，且有逐步蔓延的趋势，发病率20%左右，有的猪场发病率可高达40%以上。

母猪子宫内膜炎是猪繁殖障碍病中主要疾病之一，病因极为复杂，国内外研究表明本病的病原涉及多种病原微生物。此病多发于产后，部分未配种的后备母猪也可能发生，患猪若得不到及时有效的治疗，往往会转为隐性或慢性感染，泌乳量减少、无乳或乳汁质量差，不愿给仔猪哺乳，致使哺乳仔猪腹泻，发育不良；发情周期紊乱，屡配不孕，产仔少，产死胎，乳猪发生黄白痢等诸多疾病，如果发展成顽固性子宫炎后，则会增加生产母猪淘汰率，母猪容易继发感染其他疾病，而造成猪场的损失。因而本病往往严重影响着猪场的生产力，造成较大的经济损失。

（2）预防措施　饲养管理是控制规模化猪场疾病的关键因素，疫苗效力的充分发挥也需以良好的饲养管理和卫生条件作为保障。规模化猪场还必须在生产中做好早期断奶、隔离多点式生产、全进全出、环境控制以及严格的生物安全措施。在母猪生产过程中执行严格的安全消毒操作，避免外来因素造成母猪感染发病。除此之外，还应根据当地疫情制订好免疫程序，尤其要做好猪繁殖障碍性疾病的免疫工作。

①科学饲养　增强抗病力。

②加强管理　提供清洁环境、加强消毒；严格生产管理制度；建立产后检查制度；及时淘汰老弱病残母猪及精液品质差的公猪。预防性用药；初产母猪为预防胎衣不下或难产，在母猪产前2周内肌内注射亚硒酸钠—维生素E注射液或在饲料中添加适量成品亚硒酸钠—维生素E粉。体质较差母猪临产前1个月至产后1月内饲料中适当加喂抗贫血药，每周1次以增强种母猪抵抗力。

对流产、产死胎、木乃伊胎、经助产和产后胎衣不下的母猪，用0.9%生理盐水100毫升、稀释林可霉素和新霉素各2克及缩宫素40单位直接宫内投药或投放诸如宫康素等中成药。产后常规注射1～2次缩宫素，有利于污液的排除。分娩完毕24小时后，再注射氯前列烯醇1～2次，以进一步清除污物、污液（张锡毓，2007）。母猪正常分娩胎衣排空后用0.1%高锰酸钾500毫升冲洗1次即可。对流产、木乃伊胎，经过助产的母猪、产程过长的母猪、属非正常预产期内生产母猪和产后长时间胎衣不下的母猪，先用2%碘酊、5%来苏儿各等份冲洗子宫1次，再投入青霉素160万单位、土霉素1克、氟甲砜霉素1克、葡萄糖20克，溶入20～30毫升水后注入子宫，间隔2～3天再重复1次。

③做好免疫接种工作　根据当地疫情制订免疫程序，对母猪进行相关疾病，如猪瘟、细小病毒病、伪狂犬病毒病、猪繁殖与呼吸

综合征、乙脑等疫苗的免疫注射，从而减少继发感染子宫内膜炎。还可以根据本场或本地区猪子宫内膜炎发病的具体情况考虑针对性的使用一些自家细菌灭活苗来对本病进行预防。

（3）**治疗措施**　对于母猪子宫内膜炎应及时发现，早期治疗才能取得良好的效果。子宫内膜炎的病因复杂，引发因素众多，但是病原菌感染是引起母猪子宫内膜炎的主要因素，而且引起子宫内膜炎的病原菌种类繁多，因此病原菌的分离鉴定及药敏试验是治疗子宫内膜炎的必要手段。对于不同类型的子宫内膜炎也需要根据实际情况因地制宜地采取针对性的治疗措施。在实际操作中还可用中草药和中西医结合治疗本病。在治疗手段方面，通常是采用子宫冲洗、宫内投药，冲洗子宫可用0.2%百菌消溶液500～1 000毫升，用灌肠器或一次性输精器反复冲洗；宫内投药可以先冲洗子宫，同时肌内注射缩宫素50单位2～3小时后投药，对于症状轻微的可以不冲洗子宫直接投药；注射药物治疗时，应根据感染情况选择敏感药物进行治疗，以取得较好的效果（苏军，2008）。

6. 母猪产后瘫痪　又称产后风，是母猪分娩后突发或渐进性发生的一种以知觉丧失和四肢瘫痪为主要特征的急性低血钙症。母猪产后瘫痪是集约化养殖和农户散养中常见多发病，它是由多种因素引起的一种综合征，不分年龄、胎次、季节都可发生，白色母猪发病多于黑色母猪，当地土种猪不易发病，引进的高产品种，由于生产性能的提高比本地猪种的发病率高。产后瘫痪是母猪常见的营养代谢性疾病，急症于产后6～10小时出现临床症状，慢者2～5天。发病母猪轻者采食量降低，泌乳量减少，造成断奶仔猪窝重下降，成活率降低，若不重视下次产仔易复发；重者瘫地、拒食、拒哺仔猪，仔猪因吃不到充足的乳汁而腹泻死亡，若不及时发现治疗，50%～60%的病猪在发病后7～10天死亡，给生产带来较大的经济损失。若治疗及时正确，90%的病例可以治愈。

发病原因有营养因素、环境因素、母猪因素、胎儿因素和物理性损伤。分清母猪产后瘫痪的发病原因，有利于治疗的开展和母猪的康复。

（1）**预防措施** 平时在母猪日粮中要多注意钙磷比例，在妊娠后期和泌乳期钙应占日粮的 0.6%～0.7%，钙磷比例 1～2：1，粗蛋白质应占日粮的 17%。在饲料中可加入葡萄糖酸钙 5～10 片和人工盐 10 克，也可补饲蛋壳粉、贝壳粉等，妊娠后期及泌乳期可补饲鱼粉、骨粉，适量添加维生素、矿物质和青绿饲料，但青绿饲料一次不能饲喂太多以免腹泻。对有产后瘫痪史的母猪，在产前 20 天静脉注射 10% 葡萄糖酸钙注射液 100 毫升，每周 1 次，以预防本病的发生。若有条件让母猪每天在阳光下运动 2～3 小时，帮助钙的吸收。人工助产要选择有经验的饲养员，以防止坐骨神经被损伤。注重产后护理，减少环境中的应激因素。产仔数多、泌乳性能好的母猪易发此病，要提早给仔猪补饲以实现早断奶；哺乳期，多用干草或粗布擦猪只皮肤，促进血液循环和神经功能恢复；已瘫痪的为防褥疮发生，要经常扶起并垫柔软的褥草；温棚养殖中母猪产后要及时下产床，猪舍要保持清洁干燥；散养中母猪产仔后要多加垫草，加强保暖，以防贼风侵袭。

（2）**治　疗**

①中医方剂疗法　黄芪 50 克、党参 60 克、升麻 30 克、当归 40 克、香附 10 克、白术 15 克、陈皮 20 克、红花 30 克、防风 20 克、川芎 30 克、细辛 20 克、牛膝 20 克、甘草 10 克。水煎灌服。连服 3 剂可痊愈。

②西医疗法　维生素 B_1 注射液 10～20 毫升，维丁胶性钙注射液 1 毫升/5 千克，分左、右颈部肌内注射，每日 1 次，连用 3～5 天，严重时加 10% 葡萄糖酸钙注射液 20～50 毫升静脉注射，每日 1 次，连用 2～3 天。同时在饲料中添加磷酸氢钙和亚硒酸钠＋维生素 E，并多晒太阳，可加快病猪痊愈。

25% 葡萄糖注射液 100～150 毫升、10% 氯化钙注射液 40～60 毫升，一次静脉注射，每天 1 次，连注 3～5 天。

③针灸、按摩疗法　在用药的同时配合针灸会使治疗效果大

增，针灸百会穴对受阻的经络有通经活络作用，并能促进肠道蠕动，排空燥粪，减少毒素的吸收，增进康复。百会穴在腰荐十字结合的凹陷处，针灸针经消毒后，垂直进针3～5厘米。若刺准穴位，提插捻转针头猪反应强烈，阵阵嚎叫、肌肉颤抖并频繁排粪，此时要大幅度捻转或食指重弹针头，增加刺激强度，留针5～10分钟，若进针后反应迟钝，则未插准穴位。应退针（不必退出皮下，向前或向后刺入）重试直至反应强烈为止。

7. 母猪乳房炎　母猪乳房炎是母猪在哺乳期较为常见的一种疾病。在发病期间，母猪的乳腺会出现明显的病变，并表现出红肿，使得母猪出现发热症状，同时母猪乳房会出现明显的疼痛感，中兽医俗称"奶痛"。该病症的发病时间一般在产后1～4周，夏季为高发季节。若哺乳母猪发生乳房炎，以乳房发生红、肿、热、痛、泌乳障碍为主要临床特征，乳汁质量下降，重者母猪可拒绝仔猪吮乳，导致仔猪发生腹泻等肠道疾病，仔猪逐渐消瘦而死亡，给养猪生产造成很大的经济损失。

（1）预防

①加强饲养管理，做好产前产后母猪圈舍的清洁卫生，多清洗，多消毒。尽量减少饲喂精饲料、高蛋白饲料和多汁饲料。

②防止乳房遭受外伤，发生外伤及时处理。

③保证乳房、乳头清洁健康，产前用温水擦洗乳房，每天2次轻柔按摩乳房，每次15分钟，促进水肿消退。

④产前、产后经常饲喂蒲公英、苍耳，可以消肿解毒，预防乳房炎的发生。

（2）治疗　应贯彻"预防为主，防治结合"的方针，采用中西兽医结合治疗为原则。

①局部外用药物疗法　炎症后期，用食醋1 000毫升，食盐适量，混合煮沸，药液温度37℃左右患部热敷，每日数次，促进炎性产物的吸收和消散。

②乳房封闭疗法　猪站立保定，将发生炎症的乳房用清水擦洗

干净，再用 5% 碘酊消毒，医者左手固定乳房，右手持注射器，用兽用 16 号 15 厘米长针头，在乳房基部呈 45° 角刺入，然后边注射封闭液边退针，当针尖距皮肤约 2 厘米时，停止注射，抽针于皮下，再向另一侧刺一针，注射方法同上。注射完毕后，用脱脂棉压迫一会儿针眼处，以免出血。

封闭液的配制：0.25%～0.5% 盐酸普鲁卡因注射液 20 毫升，青霉素 160 万单位，链霉素 100 万单位。

剂量：轻症，每个乳房一次 5 毫升；重症，每个乳房一次 10～20 毫升，每日 1 次。

③乳房炎的中药疗法

内服方剂：虎杖 30 克，党参 40 克，王不留行 30 克，穿山甲 25 克，煎汤去渣喂服。

外用方：鲜蒲公英 500 克，捣碎后醋调敷乳房红肿部。

④物理性疗法　发生乳房炎初期可用湿热毛巾热敷，以促进血液循环及对炎性渗出物的吸收。炎症剧烈时可冷敷，以减轻热候及疼痛。

⑤生物制剂疗法　免疫增强剂白细胞介导素，按 0.5 毫升 /10 千克体重，肌内注射，以提高抗生素的疗效，缩短病程。

⑥外科疗法　对于母猪乳房炎严重并出现坏死或坏疽时，应手术切除病变乳房，以防止全身性的继发性感染。先用 3% 过氧化氢溶液清洗伤口，再用青霉素 160 万单位灌入，伤口包扎加大用药量。发生坏死时可考虑切除病变部分。术后护理，经常保持术部清洁，预防感染，勤换药，清理创口。

8. 母猪无乳综合征　母猪无乳综合征曾被称为乳房炎—子宫炎—无乳综合征（MMA），而多数泌乳不良的母猪并没有子宫炎，是一种病因较为复杂的繁殖性疾病。普遍发生于集约化养猪场的繁殖母猪群，由于其病因复杂，发病后危害整窝崽猪的存活，以及对母猪断奶后再发情受胎的后续性不良影响等，对集约化养猪生产危害严重。MMA 已成为世界范围内集约化养猪和分娩栏内分娩母猪群中普遍存在而亟需解决的问题。对 MMA 的临床诊断，重点应在母猪体温升高、阴道流分泌物及乳房泌乳状况三个方面。

（1）预　防

①加强选种工作，淘汰乳房、乳头发育不良以及有应激反应的母猪，选留后备母猪时，应重视挑选泌乳力高的母猪后代。

②提供能满足母猪营养需要的饲粮，特别是妊娠、哺乳阶段的饲粮。使用质量高、适口性好的哺乳母猪料。

③完善降温设施，尽量营造一个凉爽、洁净、安静的小气候环境，有条件的猪场分娩舍可安装湿帘降温系统，或安装抽气扇，加大通风量，也可在母猪颈上方加设滴水降温装置。

④产前预防措施。母猪产前 2 周就应进入分娩栏，以使母猪更好地适应新环境，这在分娩栏比较充裕的养猪场可以实行。妊娠母猪缺少运动必然使肠蠕动减少或弛缓，进而诱发便秘等消化道症状。对此可采取口服中等剂量轻泻药，或使用轻泻性分娩日粮等预防措施。

⑤缩短分娩时间，做好接产工作。缩短分娩时间能减少产死胎率，降低 MMA 发病率。试验报告，使用 PGF2α 诱导母猪分娩时，血浆促乳素水平升高，这对维持母猪正常泌乳非常重要。建立规范化产房制度，做到从开始分娩到结束都有人观察、接产，及时处理分娩过程出现的问题。

（2）药物治疗　母猪产仔缺乳症，其病机病理较为复杂，临床多以突发、危重而告急，审证求因，辨证施治至为关键。此病治疗的首要目的在于使母猪能尽快恢复泌乳，以防仔猪饿死。治疗时可对母猪和仔猪分别实施病因疗法和对症疗法。治疗原则为早期发现及时处理，控制炎症发生和发展，增强乳房的防卫能力和抑杀病原微生物。

①激素疗法，通常采用缩宫素刺激母猪泌乳，发现母猪泌乳不足，可注射 20～80 单位的缩宫素，每天 3～4 次，连用 2 天；或皮下注射 5 毫升初乳。母猪无乳时，可用前列腺素 5 毫升肌内注射，

每天 2～3 次，连用 3～5 天。缩宫素除了有刺激乳池放乳作用外，还能引起子宫肌收缩。但普通的缩宫素制剂缺点是在体内的半衰期太短。瑞典生产的一种长效缩宫素类似物制剂，对乳腺的作用时间长达数小时。

②母猪如果患子宫、阴道炎及引起全身感染，用 5% 温热的露它净溶液 100 毫升灌入子宫，再用阿莫西林＋鱼腥草＋安乃近肌内注射，每天 2 次，连用 4 天，并对乳房用普鲁卡因青霉素进行局部封闭治疗。如母猪产后不食，可用 10% 葡萄糖注射液加维生素 C 和阿莫西林静脉注射，同时肌内注射复合维生素 B，每天用药 1 次，连用 3～5 天。如母猪患乳房炎，可用 30% 鱼石脂软膏涂搽乳房，并用 0.1% 普鲁卡因注射液 100 毫升＋青霉素 400 万单位在乳房基底部位实施封闭注射。若母猪便秘，在 MMA 早期阶段可使用硫酸钠（镁）30～100 克或液状石蜡 50～100 毫升，加适量水内服。

碘溶液子宫灌注。碘 25 克、碘化钾 50 克，加蒸馏水 500 毫升溶解，配成 5% 的溶液。取 5% 碘溶液 20 毫升加蒸馏水 500～600 毫升，配制成 37℃～38℃的子宫灌注液，每次灌入 100 毫升。碘具有较强的杀菌作用，能活化子宫，使子宫的渗出加强，起到子宫自净的作用，促进子宫恢复。子宫灌注后肌内注射苯甲酸雌二醇注射液 3～5 毫克，用药后 5～6 小时肌内注射缩宫素注射液 10～30 单位，促进子宫颈口开放和子宫收缩，排出液体。

③母猪乳房炎的治疗，产后母猪患乳房炎可以采用普鲁卡因青霉素乳房基底部封闭疗法。具体操作：用 8 号或 9 号的长针头沿患病乳房的基底部平行于乳房的基部刺入 8～10 厘米，注射青霉素 320 万单位和 5 毫升普鲁卡因的混悬液，每天 1～2 次，连用 3～5 天。或用 10% 氧氟沙星注射液 15～20 毫升，肌内注射，每天 1～2 次，连用 3～5 天。也可采用头孢哌酮钠、林可霉素等药物乳房基底部注射或肌内注射来治疗乳房炎。对乳房红肿的病例可以用硫酸镁溶液热敷结合鱼石脂外用，对症治疗，消肿止痛。同时，减少精饲料和多汁饲料的喂量。

④温敷按摩法。在出现病症初期，可先用温敷法，用温毛巾按摩乳房等物理疗法有促进乳汁排出的效果，常用 10% 硫酸镁溶液 2 000 毫升或 5%～10% 碳酸氢钠溶液 2 000 毫升，局部温敷，敷后排乳，3～5 次/日，20 分钟/次左右。温敷按摩法有助于降低肿胀，消除炎症，促进排乳。

⑤中草药治疗。中兽医学认为，乳汁由气血化生，赖肝气疏泄而调节，故缺乳多因气血虚弱、肝郁气滞所致，也有因痰气雍滞导致乳汁不行者。缺乳首辨虚实。虚者，乳汁清稀，量少，乳房松软不胀，或乳腺细小；实者，乳汁稠浓，量少，乳房胀满而痛。治疗缺乳以通乳为原则，虚者补而通之，实者疏而通之。

气血虚弱型：母猪神疲乏力，食欲不振，体质虚弱，体温正常或略偏高。乳房不胀而软，恶露量多或不止。脾胃素虚，生化之源不足，复因分娩失血过多，气随血耗，以致气虚血少，乳汁因而甚少或全无。中药治疗补气养血增液，佐以通乳。方药：通乳丹加减，黄芪 30 克，党参、黄精、何首乌、天花粉各 20 克，当归、麦冬各 15 克，王不留行 12 克，桔梗 10 克，通草 6 克。虚弱者，加巴戟天、熟地黄、鹿角霜。纳呆便溏者，去黄精，加山楂、茯苓、陈皮。恶露量多或不止者，加益母草、炮姜。共研末加鸡蛋 5 个作引喂服。

肝郁气滞型：产后情志抑郁，肝失条达，气机不畅，以致经脉涩滞，阻碍乳汁运行，因而乳汁缺少，甚至不下。精神抑郁，食欲减退。产后乳汁甚少或全无，或平日乳汁正常，突然乳汁骤少或点滴全无；乳汁浓稠，乳房胀硬而痛或体温升高。中药治疗以疏肝解郁、通络下乳为治则。方药选下乳涌泉汤：天花粉 30 克，当归、生地黄、白芍、漏芦、王不留行各 15 克，炮山甲 12 克，柴胡、青皮、桔梗各 10 克，川芎、白芷各 9 克，通草 6 克，水煎配麦麸喂服。若乳房胀硬、局部微红者，加蒲公英、连翘、夏枯草。若乳头凹陷或皲裂，哺乳困难者，可用手按摩挤乳。如恶露未净，加益母草、七叶一枝花，共研末调在饲料中喂服。

参考文献

［1］成建国. 养猪场要高度重视消毒［J］. 农业知识，2009（18）36‑37.

［2］成建国. 影响免疫效果的因素［J］. 农业知识，2008（8）18‑19.

［3］贾玉波. 规模化养猪场卫生消毒技术要点［J］. 现代畜牧兽医，2011（6）33‑34.

［4］孙守礼，成建国. 规模化猪场健康养殖的保健体系建设［J］. 中国动物保健，2008（7）39‑42.

［5］成建国，孙守礼. 猪瘟流行新特点［J］. 中国动物保健，2008（4）47‑50.

［6］张和良. 集约化猪场消毒措施对生产性能和经济效益影响的研究［D］. 湖南农业大学农业推广硕士学位论文，2005，9.

［7］吴增鉴. 谈谈规模化猪场的消毒［J］. 当代畜禽养殖业，2003（7）22‑23.

［8］刘晓艳，赵玉华. 猪场的消毒技术［J］. 畜牧与饲料科学，2013（11）73‑74.

［9］王旭，敖义鹏. 浅谈规模猪场的消毒措施［J］. 中国畜牧兽医，文摘. 2012（2）124.

三农编辑部新书推荐

书 名	定 价	书 名	定 价
西葫芦实用栽培技术	16.00	怎样当好猪场兽医	26.00
萝卜实用栽培技术	16.00	肉羊养殖创业致富指导	29.00
杏实用栽培技术	15.00	肉鸽养殖致富指导	22.00
葡萄实用栽培技术	19.00	果园林地生态养鹅关键技术	22.00
梨实用栽培技术	21.00	鸡鸭鹅病中西医防治实用技术	24.00
特种昆虫养殖实用技术	29.00	毛皮动物疾病防治实用技术	20.00
水蛭养殖实用技术	15.00	天麻实用栽培技术	15.00
特禽养殖实用技术	36.00	甘草实用栽培技术	14.00
牛蛙养殖实用技术	15.00	金银花实用栽培技术	14.00
泥鳅养殖实用技术	19.00	黄芪实用栽培技术	14.00
设施蔬菜高效栽培与安全施肥	32.00	番茄栽培新技术	16.00
设施果树高效栽培与安全施肥	29.00	甜瓜栽培新技术	14.00
特色经济作物栽培与加工	26.00	魔芋栽培与加工利用	22.00
砂糖橘实用栽培技术	28.00	香菇优质生产技术	20.00
黄瓜实用栽培技术	15.00	茄子栽培新技术	18.00
西瓜实用栽培技术	18.00	蔬菜栽培关键技术与经验	32.00
怎样当好猪场场长	26.00	枣高产栽培新技术	15.00
林下养蜂技术	25.00	枸杞优质丰产栽培	14.00
獭兔科学养殖技术	22.00	草菇优质生产技术	16.00
怎样当好猪场饲养员	18.00	山楂优质栽培技术	20.00
毛兔科学养殖技术	24.00	板栗高产栽培技术	22.00
肉兔科学养殖技术	26.00	提高肉鸡养殖效益关键技术	22.00
羔羊育肥技术	16.00	猕猴桃实用栽培技术	24.00
提高母猪繁殖率实用技术	21.00	食用菌菌种生产技术	32.00
种草养肉牛实用技术问答	26.00		

三农编辑部即将出版的新书

序　号	书　名
1	肉牛标准化养殖技术
2	肉兔标准化养殖技术
3	奶牛增效养殖十大关键技术
4	猪场防疫消毒无害化处理技术
5	鹌鹑养殖致富指导
6	奶牛饲养管理与疾病防治
7	百变土豆　舌尖享受
8	中蜂养殖实用技术
9	人工养蛇实用技术
10	人工养蝎实用技术
11	黄鳝养殖实用技术
12	小龙虾养殖实用技术
13	林蛙养殖实用技术
14	桃高产栽培新技术
15	李高产栽培技术
16	甜樱桃高产栽培技术问答
17	柿丰产栽培新技术
18	石榴丰产栽培新技术
19	连翘实用栽培技术
20	食用菌病虫害安全防治
21	辣椒优质栽培新技术
22	希特蔬菜优质栽培新技术
23	芽苗菜优质生产技术问答
24	核桃优质丰产栽培
25	大白菜优质栽培新技术
26	生菜优质栽培新技术
27	平菇优质生产技术
28	脐橙优质丰产栽培